河南省开展信息进村入户工程
整省推进示范信息员培训教材

互联网＋农村服务新体系
建设与运营

河南省农业厅
河南腾跃科技有限公司　　　编著　　　黄河水利出版社

图书在版编目（CIP）数据

河南省开展信息进村入户工程整省推进示范信息员培训教材：全四册 / 河南省农业厅，河南腾跃科技有限公司编著. —郑州：黄河水利出版社，2018.4
ISBN 978-7-5509-2023-1

Ⅰ. ①河… Ⅱ. ①河… ②河… Ⅲ. ①信息技术－应用－农业－技术培训－教材 Ⅳ. ①S126

中国版本图书馆 CIP 数据核字（2018）第 075340 号

组稿编辑：简群 电话：0371-66026749 E-mail：931945687@qq.com

出 版 社：黄河水利出版社
　　　　　地址：河南省郑州市顺河路黄委会综合楼 14 层　　　邮政编码：450003
发行单位：黄河水利出版社
　　　　　发行部电话：0371-66026940、66020550、66028024、66022620（传真）
　　　　　E-mail：hhslcbs@126.com
承印单位：河南美图印刷有限公司
开　　本：890 毫米×1 240 毫米　1/16
印　　张：32
字　　数：538 千字　　　　　　　　　　　印数：1—50 000
版　　次：2018 年 4 月第 1 版　　　　　　印次：2018 年 4 月第 1 次印刷

定　　价（全四册）：55.00 元

《河南省开展信息进村入户工程整省推进示范信息员培训教材》
编写委员会

编写人员：李道亮　郑国清　马新明　杨玉璞

薛　红　王志勇　陶宜旭　黄　蕤

安鹏飞　刘　威　张　军　魏　萍

李　兵　王志远　司梦实　高　克

霍　威　刘志华　侯朝濮　赵金甲

李国强　闫晓荣　赵　瑾　宁东海

高　丽　王俊阳　耿　岩　牛圆春

高　飞

内 容 提 要

本套培训教材主要作为河南省信息进村入户工程益农信息社信息员培训教材使用，共包含 4 本，分别是《益农社政策指南与案例介绍》《益农社信息员服务操作手册》《益农社农民手机应用指南》《互联网＋农村服务新体系建设与运营》。主要内容如下：

（1）《益农社政策指南与案例介绍》：①介绍国家、部委、省、市下发的益农社（信息进村入户）有关政策性指导文件等；②介绍益农信息社标准站、专业站、简易站建设运行案例。

（2）《益农社信息员服务操作手册》：①介绍益农社信息员的定义及概述；②介绍益农社的"四大服务"；③介绍益农社信息员使用平台栏目开展的"四大服务"操作步骤等。

（3）《益农社农民手机应用指南》：①介绍信息进村入户工程手机版"四大服务"功能及其操作；②介绍手机常用的金融支付方式；③介绍益农信息社信息员防诈骗手段等。

（4）《互联网＋农村服务新体系建设与运营》：①介绍农村服务新体系；②介绍益农社信息员开展的"买、卖、推、缴、代、取"六大业务；③介绍河南省农产品质量安全生产追溯等。

前　言

近年来，我国农业农村形势稳中向好，为经济社会发展全局提供了基础支撑。

但同时，当前我国最大的发展不平衡仍是城乡发展不平衡，最大的发展不充分仍是农村发展不充分。农业发展质量效益和竞争力不高，农民增收后劲不足，农村自我发展能力较弱，城乡差距依然较大。城乡二元结构是制约我国农村发展的重要因素。彻底打破城乡二元结构，需要坚持不懈地深化改革、统筹发展。

党的十九大提出实施乡村振兴战略，广袤农村由此迎来历史性的重大发展机遇。调结构、增绿色、提效益，贫困村齐心协力摘穷帽。农业和农村改革发展的热潮不断涌动。

党的十九大报告指出，建立健全城乡融合发展体制机制和政策体系。对此，农业部部长韩长赋认为，贯彻农业农村优先发展指导思想，要进一步调整理顺工农城乡关系。"在要素配置上优先满足，在资源条件上优先保障，在公共服务上优先安排，加快农业农村经济发展，加快补齐农村公共服务、基础设施和信息流通等方面短板，显著缩小城乡差距。""努力让农业成为有奔头的产业，让农民成为有吸引力的职业，让农村成为安居乐业的美丽家园。"

农业部农村经济研究中心主任宋洪远说，科学实施乡村振兴战略要有清晰的思路和措施，关键在于土地政策、产权制度、经营体系和政策体系这四个方面，要按照融合发展的角度完善体制机制。

国家发改委召开的 2018 年度工作会议已确定，落实乡村振兴战略重大举措，科学制订国家乡村振兴战略规划，构建现代农业产业体系、生产体系、经营体系，确保国家粮食安全，建设美丽宜居乡村。这将是 2018 年我国农业农村发展改革的主要任务和重点工作。

中央经济工作会议确定，农业政策从增产导向转向提质导向，这也是近年来我国深入推进农业供给侧结构性改革的政策取向。其中，调整农业结构，促进农村一、二、三产业融合发展，把增加绿色优质农产品放在突出位置，是改革的重中之重。

农业农村的发展是一个长期的过程。需要农村不断创新发展理念和举措，需要政府多角度、持续的引导和服务，更需要社会力量不断注入。更可喜的是，近年来，互联网尤其是移动互联网的广泛应用正在大大加速改革发展进程，农业物联网、农村电子商务与农村互联网金融等的兴起与注入，让古老而传统的乡村与乡民迅速进入了信息化的新时代，为有效破除城乡二元结构、推动农村经济社会发展带来新的希望和契机。同时，农民、政府、社会等多方合力，把握好互联网＋的机遇，对于深入推进农业农村服务方式转变，增进农民的福祉具有非凡意义。

本套培训教材由河南省农业厅及河南腾跃科技有限公司联合编著，旨在为广大涉农单位、农民、农企提供信息进村入户工程各项服务指南，方便各主体了解信息进村入户服务体系整体规划和服务内容，以及运营模式，加强相互理解和配合，为实现乡村振兴战略奠定基础。

目　　录

第一章 互联网＋农村服务现状

第一节 当前农村服务体系现状

当前互联网＋农村最大的问题是融合不够，农味不足，与理想的状态还有较大距离。

一、互联网基础设施落地不到位

农村互联网相关基础设施薄弱，公共上网资源匮乏。虽然在"村村能上网""乡乡有网站""家电下乡"等国家政策和企业投资扶持下，我国农村互联网基础设施有了明显改善。但是，目前部分农村地区网络使用的基础条件还很匮乏，网络使用的增长条件和空间不足。据调查，农村非网民中19.7％的人是由于没有电脑等上网设备，3.5％的人是由于当地没有网络接入条件。尤其是中西部经济发展落后的农村地区，家庭拥有电脑率较低，网吧和学校成为农村居民接触和使用互联网的重要场所，而这些地区网吧缺乏监督管理，环境较差，电脑硬件更新周期较长，配置较低，学校的上网硬件设施数量少，配置也只能满足最基础的电脑和使用。

基础设施不能满足生产活动需要。很多互联网技术，在城市应用已经成熟，但距离农村的生产生活还有距离。以农业物联网为例，到今天成本已经下降很多，但对于单个农户，成本投入依然过高，短期内无法盈利变现，农民注定不会为此买单，企业应用起来也是负担沉重，还需要进一步降低成本和便捷化。

二、互联网与农业融合技术不成熟

农业物联网技术目前尚处在初级发展阶段，大量技术问题急需解决。比如，设备性能远远低于应用预期。传感器的可靠性、稳定性、精准度等性能指标不能满足应用需求，产品总体质量水平亟待提升。另外，在技术标准、安全性、协议、IP 地址、终端等方面也存在一系列问题。制约物联网产业发展的最大瓶颈是标准的缺失。中国的物联网产业还处于初级阶段，即使在全球范围内，都没有统一的标准体系出台，这是制约技术发展和产品规模化应用的关键点。从行业技术来看，目前主要缺乏以下两个方面的标准：数据模型的标准化和接口的标准化。标准化体系的建立将成为物联网产业发展的首要条件。另外，IP 地址不足，制约着物联网的发展。依据物联网的概念，要把物与物连起来，除了需要不同类型的传感器以外，还要给每个物品都贴上一个标签，也就是说物联网要实现全部物、事、人的连接，每个物品都要有一个自己的 IP 地址，这样用户才能通过网络访问物体。但是目前的 IP 受限于资源空间耗竭，无法提供更多的 IP 地址，这是技术发展的瓶颈问题。

三、农村电商发展模式不清晰

近十年来，一批又一批的农产品电商企业上马又匆匆下马，甚至农产品电商平台经历了 A 轮、B 轮、C 轮融资，一直融到最后还是不幸倒下，根本的原因是模式有问题，拿工业品电商的模式来做农产品电商。所以，近 4000 家生鲜电商仅 1‰盈利，看起来是蓝海市场，但占领这一蓝海市场的路径还不明晰。

农产品电商规模与农产品总量相比，还是九牛一毛。目前，农产品原产值约为 4.5 万亿元，农产品电商的规模仅占 3‰；中国年食品消费额约为 10 万亿元，整个零食及生鲜电商的总量也只占百分之几。农业的供应链和产业链问题，抱怨的人很多，但观望者居多，创新实践者较少。农资电商的真实规模也没有一些公司宣传的数据那么大，内部行业监测的数据并不可观，模式还在探索的路上。

农村电商的落后不是单一问题，而是整体性落后的问题，从互联网基础、交通物流、人才培养、产业基础、市场运营等方面全面落后，不仅要补短板，更需要打造一个互联网的"木桶"，一些地方甚至到现在连这个"木桶"都不存在。

四、新农村建设路径不清晰

在全面建设社会主义新农村政策的指引下，各地掀起了新农村建设的高潮，政府、企业和其他社会力量等都在探索新农村建设的理想模式。

各地建设进度不一，但都反映出了共性问题。

农村建设规划滞后：长期以来，村级规划建设处于"各自为政、自我发展"的状态，缺乏整体和长远规划。有的虽然有了规划，但过于简单，或是适用性不强，难以指导建设；或是有了规划不按规划建设，存在乱搭乱建、建设水平低、杂乱无章、重复建设现象，并且大多农民受封建迷信等陋习的影响，不靠科学规划，而是依靠风水先生选址定向，严重阻碍了村庄科学规划和有序建设，也增加了农村管理的难度。

农村环境日益恶化。由于农民的环境自律意识差，农村大部分村庄普遍存在柴草乱堆、垃圾乱倒、苍蝇乱飞、污水乱流、摊点乱摆、牲畜乱放等脏、乱、差现象，农村生活垃圾、废水处理等问题较为严重，同时，由于在农业生产中不正当使用化肥、农药等，也造成农村环境受到不同程度的污染。

农民思想观念落后。随着现代文明不断发展和精神文明建设的不断深化，农村居民的思想观念发生了很大的变化，文化水平也不断提高。但部分农村居民封建思想、宗族观念及迷信思想根深蒂固，小农意识浓厚，只看重眼前利益及局部利益，法律知识贫乏、法制意识淡薄，违法违纪行为仍有出现，与社会主义现代和谐新农村建设的要求还有一定的差距，村民整体素质有待进一步提高。

农村建设资金匮乏。新农村建设的资金投入巨大，县乡村财力薄弱，尤其是在农村"三减免二取消"后，镇、村二级只能靠中央财政转移支付维持运转，根本没有财力投资农村公共设施建设。

新农村建设不仅仅是完成村容村貌的表面工作，更重要的是如何使农民获得更多的收入，实现对农民从"输血"到"造血"的自我发展路径。

第二节 互联网＋农村服务发展目标

到 2020 年，农村改革发展基本目标任务是：农村经济体制更加健全，城乡经济社会发展一体化体制机制基本建立；现代农业建设取得显著进展，农业综合生产能力明显提高，国家粮食安全和主要农产品供给得到有效保障；农民人均纯收入比 2008 年翻一番，消费水平大幅提升，绝对贫困现象基本消除；农村基层组织建设进一步加强,村民自治制度更加完善,农民民主权利得到切实保障;城乡基本公共服务均等化明显推进,农村文化进一步繁荣,农民基本文化权益得到更好落实,农村人人享有接受良好教育的机会,农村基本生活保障、基本医疗卫生制度更加健全,农村社会管理体系进一步完善;资源节约型、环境友好型农业生产体系基本形成,农村人居和生态环境明显改善,可持续发展能力不断增强。

互联网+农村服务是为了建设新型农村、改变村容村貌村风、完善农村产业,对农村进行经济、政治、文化和社会等方面全面建设,最终实现把农村建设成为经济繁荣、设施完善、环境优美、文明和谐的社会主义新农村的目标。

一、农村网络基础设施完善

完善互联网+农村服务的前提和基础是完善有效的农村基础网络设施体系。

(一)有效降低网络资费,持续提升服务水平

一方面,要推动电信企业增强服务能力,提高运营效率,多措并举,实现网络资费合理下降,建立健全与各市场主体的合作和公平竞争机制,促进专业化分工合作,探索产业链互利共赢发展模式。另一方面,要有序开放电信市场。加强电信市场监管。提升公共服务水平。充分发挥民间资本的创新活力,推动形成多种主体相互竞争、优势互补、共同发展的市场格局,通过竞争促进宽带服务质量的提升和资费水平的进一步下降,加强电信监管队伍建设,进一步维护好宽带市场竞争秩序,依托宽带网络基础设施深入推进实施"信息惠民"工程。

(二)完善配套支持政策,强化组织落实

推进简政放权,完善配套支持政策,完善宽带网络标准,完善以宽带为重点内容的电信普遍服务补偿机制,加快农村宽带基础设施建设,统筹考虑宽带网络作为战略性公共基础设施的定位,优化完善基础电信企业经营业绩考核体系。各地要对基础电信企业在融资、用电、选址、征地、小区进入等各方面给予支持,严格执行光纤到户国家标准,规范通信建设行为,全面保障宽带网络的建设通行,确保公平进入,禁止巧立名目收取不合理费用,解决进场难、进场贵等问题。

二、农业生产投产效益化

发展农村的根本在于提升农村的经济，农村经济的根本在于农业生产的提高。通过扩大提升农业标准化建设覆盖，形成整体推进机制；规范提升农业标准化标准体系。重点围绕生产、加工、销售三个环节，补充完善技术规程；规范提升农业标准化监管服务体系。重点抓好农产品质量安全监管、农技推广、新型经营主体（合作社、大户、家庭农场和农产品企业）、生产者自律管理"四大体系"建设；规范提升农业标准化示范区建设。根据产业发展基础和产品市场定位，建立不同类型综合示范区、专业示范区；规范提升农业标准化实施主体。支持和壮大一批农产品加工企业、农民专业合作社等实施载体，创建知名品牌，引领带动产业产销一体化；规范提升农业标准化政府扶持支撑体系。切实加强组织领导，加大资金投入，改善技术装备，培育农业标准化骨干队伍，强化生产者技术培训和社会宣传，不断提高农业生产效率，降低生产成本，增加生产产出，为农村发展自主"造血"奠定坚实的基础。

（一）建立和健全各种形式的农业生产责任制

生产责任制合理地组织生产劳动，把计划性和自主权结合起来，把发展生产的利益和生产者个人的利益结合起来，充分调动生产者的积极性，并且促使他们节约开支，降低成本，关心产品数量和质量，推动生产迅速发展。责任制组织形式合理，生产成倍增长，已成为众所周知的事实。农产的生产责任制还需要进一步落实和完善，并且落实以下方面的问题：①要把实行责任制后剩余下来的劳动力寻找出来。落实了责任制的单位，一般有三分之一或者一半的劳动力就可以完成当前的农业生产任务，大约剩余三分之一到一半的劳动力，加上每年还有二千多万适龄青年加入劳动大军，需要合理安排。人是生产者，也是消费者，不组织他们生产，就会白白耗费社会的劳动成果。我国农村的剩余劳动力不大批涌入城市，只能在农村中通过发展多种经营，发展家庭经济，实行精耕细作，集约经营，来谋求出路。②要在发展多种经营的基础上发展专业承包。技术较高的专业生产者，具有复杂劳动的性质，可以创造更多价值；许多专业生产者熟悉某方面生产的自然规律和经济规律，能以较少的劳动创造出较多的价值，获得超额收人。发展专业承包还可以促进社会分工、技术进步、商品生产，发挥集体经济的优越性。③在充分调动个人生产积极性的同时要充分发挥集体生产的优越性。我国农业生产水平不高，有许多农活适宜分散行动，但是，也有许多工作需要统一行动和互相协作，如防洪、排涝、灌溉、除虫、防病、种植、较大的农田水利建设等。各地的生产发展水平和责任制形式不同，统一和分散作业的情况也有所不同。统一经营和可以实行统一行动的地方，应该根据需要，由生产队统一组织，以期收到更大的效果。多数生产队经过长期的积累和建设，都有一定的公共财产，在实行生产责任制的过程中，要把它充分利用起来，能统一使用的便统一使用，不能统一使用的，按保本赢利原则包到人或户使用，避免破坏、损耗和浪费。

（二）建立合理的生产结构，争取实现综合的经济效益

许多地方的生产结构经过调整后，有了很大的变化，不够合理的，还需继续调整。首先，要充分发挥优势。利用当地优越的自然力，提高劳动生产率，利用较好的社会、地理条件，获得短额的收入。其次，要根据当地的情况有所侧重地发展农、林、牧、副、渔和加工、销售、服务等生产和事业，使之互相联结，互相促进，并为农村广大劳动力开辟出路。再次，要不断改善生产条件，提高生态素质，使恶性循环逐步转变成为良性循环。最后，要使各行业生产跟全国布局和社会需要相协调，按照社会的需要有比例地进行生产，才能达到最优的经济效果。个别生产者和生产单位的劳动和产品，只有成为社会的必要组成部分，按社会需要进行生产，才能实现它的价值，否则就不被社会所承认，变成无谓的浪费。

（三）加大科技投入，提高经济效益

我国人多地少，有悠久的农业生产历史，耕作制度复杂，经济发展水平不高，集体经济力量还不够雄厚，不可能也不应当走发达国家所走过的道路。尤其是我省农业耕作历史长，南北差异大，未来应是人力、机电动力并存，机械化、半机械化、手工具并存，现代科学技术和优良传统技术相结合，工程措施和生物技术措施相结合，各地情况不同，技术结构和集约经营的形式也应有所不同。我

们要进一步发展农业生产和实现农业现代化，必然要采用新的机械和技术，但从经济效益的角度来看，必须从实际情况出发，认真考虑资金、能源、交通、生产前后环节、技术人员等条件是否适应，所得的利益是否超过为它所付出的代价，是否大于其他措施所得的效果，所替代下来的人是否有更好的出路，在生产上有什么影响等，然后决定取舍。任何技术都需要具备经济可行性和社会可行性才能普遍推广。

（四）健全农产品流通渠道

随着农业生产的发展，农民出售的农产品日益增加，但是由于流通渠道不畅通或者供需信息不对称，有不少农产品销售困难，甚至在产区白白烂掉，要减少或消除这种浪费，就要提高农产品的流通效率，增加销售渠道、强化渠道设施搭建，并不断深化农产品加工、精制，吸收农村更多的劳动力，创造更多的价值。也需要企业、农户、消费者紧密联系，推行订单农业，使生产、流通、消费更好地衔接起来。

（五）加强经营管理

经营管理是生产、流通过程的综合组织环节，对提高经济效益具有巨大的作用。没有经营管理，就根本谈不上经济效益。搞好经营管理的关键是要有一批能干的经营管理人员，要把挑选和培养这方面人才的工作摆到重要的位置上，使各个经济单位都有干练的领导、计划、统计和财会人员，并且实行责任制，根据生产发展的情况实行奖罚。要发动群众参加经济管理工作，人人出主意、献办法，做好经济活动分析和建立民主监督制度。目前应该抓一下清查核实近期集体财产变动和使用情况，管好、用好集体资产。实行统一核算的集体经济单位，要建立经济核算制度，切实计算资金、劳力投入产出的数量和比率，实行固定资产折旧制度，精减人员和补贴，压缩不合理开支，厉行节约，杜绝浪费，降低成本，增加收益。

三、农村居民消费便利化

衣食住行是人们的基本生存型消费。随着农民收入的增长，恩格尔系数不断下降，农民不仅要求温饱，而且更加关注菜色口味和营养搭配，人均衣着消费支出逐年增加，并且越来越讲究穿着的款式、花色、质量和舒适度，农村居民的居住条件大为改善，居住面积不断扩大，居室的美化、生活便利化以及中高档日用品的添置成为农村居民的生活追求，农民的追求越来越趋向城市化。另外对提高教育和健康水平以及充实精神文化生活方面的支出不断扩大，推动了消费结构向更高水平提升。

但同时，农村消费需求增长与供给不足的矛盾越大越大，尤其是供需质量之间的矛盾突出。建设、服务新农村，须当全面、快速、优质满足农村居民日益增长的消费需求。

（一）提高农民收入，增加消费需求

一般来讲，收入决定消费水平、消费层次和消费结构，决定个人消费的方向和实现的程度，因此，农村购买力的大小，主要取决于农民的收入水平，增加农民收入特别是提高农民货币性收入是拓展农村消费的关键。一是调整农业和农村经济结构，推进农业产业化，提高农产品的质量和效益，是新阶段农业和农村经济发展的主线，是农民增收的主要途径。要以发展现代工业发展的理念和思路，加速推进农业产业化经营，提高农业发展的质量和效益，提高高效农业在传统农业中的份额，增加农民务农收入，巩固农民增收。二是建立和完善农村基础建设的投入体系，引导社会各行各业支持农业，投资农村基础设施建设，要增加政府用于农业基础设施建设方面的支出，改善农业生产的基础条件，增强农业抗风险的能力。三是要大力发展民营经济，鼓励农民自主创业，提高农村自身对富余劳动力的分流和吸纳能力，是新的就地转移。

（二）加快农村保障体系建设步伐，建立健全农村社会保障体系

保障农民基本生存权利，有利于稳定农民的消费预期，促进农村消费的长期稳定增长，根据当前我国经济和社会发展水平以及农村社会保障体系还不健全、保障面还很窄、保障水平还很低的现状，建议量力而行，突出重点，优先搭建农村最低生活保障、农村养老保障和农村新型合作医疗"三位一体"的农村社会保障体系初步框架，支持解决农民"生有所靠、老有所养、病有所医"的最基本、

最突出、最迫切的社会保障问题，稳定农民消费预期。

（三）扶持农村市场体系建设，完善农村市场监管机制

继续推进"万村千乡"市场工程、"家电下乡"工程，提高对农副产品批发市场和农村集贸市场的兴建、改造的扶持，逐年逐批地对农村市场进行升级改造；要加强对农村市场的监管力度，坚决打击欺行霸市、强买强卖、短斤少两和制假售假等不法行为，杜绝过期商品、次质商品的倾销行为，确保农民群众的安全消费、放心消费和明白消费。

（四）加强农民消费引导，转变农民消费观念

政府要引导企业把农村作为市场开拓的目标，鼓励企业生产符合农村消费习惯的品质优良、可靠实用、价格适中的新产品；培育农民喜欢的企业和品牌，提高商品服务的质量、结构和性价比。同时加强对农村文化生活、社会生活的引导，培养农民理性消费、健康消费、积极适度消费的新观念。

四、农村创业环境宽松化

推进农村劳动力转移就业创业和农民工市民化。健全农村劳动力转移就业服务体系，大力促进就地就近转移就业创业，稳定并扩大外出农民工规模，支持农民工返乡创业。

创业成功需要政策的支持，创业政策的作用是用来减少初创企业面临的不确定性。鼓励农民工创业也需要政府积极引导，把农民工就业和创业摆在工作首位，增强农民工的创业能力，提供优质的创业资本，不断强化创业服务，努力降低创业成本，积极营造创业环境。

（一）创新金融信贷服务，解决农民工创业资本问题

创业融资是创业最重要的活动之一，相当多的创业者在创业的过程中都遇到创业资金筹措困难的问题。农村是我国金融体系中尤为薄弱的地区，农户和中小企业的金融需求得不到满足是农村金融的主要矛盾。要加大政策性金融的扶持力度，缓解农民工回乡创业融资难、资金供给短缺、贷款利息高等问题；进一步发

展重点服务中小企业和农村社区的金融组织；国有商业银行应对农民工回乡创业活跃的市县分支机构授权，按照规范提供贷款；适应创业者的多样化需求，开办固定资产抵押贷款、动产质押贷款以及信用贷款与抵押贷款组合等信贷方式，放宽贷款额度和还贷时间；放宽农村地区抵押物的范围；建立信贷扶持担保机制。

（二）明确创业扶持政策，为农民工回乡创业提供政策支持

尊重农民工自主创业的权利，制定完善的优惠政策，改善创业环境。凡是外出务工经商后返回家乡创办各类企业或者从事个体经营、兴办各类农民专业合作组织的，无论规模大小，只要符合法律和国家产业政策，并吸纳一定数量的当地劳动力就业，就应予以鼓励支持，实行优惠政策。在财政方面，可设立专项基金，用于农民工回乡创业的贷款贴息、创业培训和资金担保等。在税收方面，农民工回乡创业应享受与外地客商同样的优惠政策。对于为城乡低收入群体就业再就业做出贡献的企业，可比照城市相关政策给予优惠政策。农民工回乡创业应按规定享受国家和地方扶持发展中小企业、非公有制经济服务业、现代农业、农产品加工业等方面的优惠政策。强化政府职能，提高行政效率。政府和相关职能部门要经常到企业了解他们的需求，并为他们的需要提供必要的信息、技术等服务。尽可能降低创业门槛，简化办事手续，提高服务水平，克服部门关卡多、办事难等问题。

（三）加强创业培训服务，提高农民工创业能力

要提供免费的创业培训，增强创业意识。引导农民工根据国家产业政策要求选准创业项目，防止高污染企业向中西部地区转移。农民工回乡创办企业的生产经营场地应纳入城乡发展规划，因地制宜发展园区，力求共享基础设施、集中治理污染、集约利用土地，培育发展产业集群。有条件的地区可依托现有机构为回乡创业者提供创业培训、市场信息等服务，并组织交流活动、科技讲座和政策咨询。指导和配合回乡创业者开展职工培训，将相关企业员工纳入当地农村劳动力技能培训计划。

五、留住人才促进农村事业发展

社会主义新农村建设需要政策扶持、资金投入、人才智力支持等多方面支持，而农村现有人才总量与实际需求相距甚远的现实说明了大量短缺的农村人才就是构成新农村发展"木桶"的那块最小"短板"。农村的发展归根到底在于人，在于培养和使用一大批能适应农村发展要求的农村人才。

（一）待遇留人

虽然我国农村的条件有限，但只有为大学生提供力所能及的工作、生活条件和收入、奖励等各种待遇，才可以吸引人才返乡。不断提高大学生、人才在农村的待遇，甚至稍高于当地上一年的在岗职工平均工资水平，并且提供专门的人才专用住房、锻炼提拔机会，才会留住人才。

（二）事业留人

即使有足够好的待遇，但是没有事业发展的空间，按照美国哈佛大学心理学家麦克利兰的成就需要理论，人才也是不会长期干下去的，所以，在满足待遇需要的同时，也要给人才以发展的空间，对人才给舞台、压担子，使得他们在具体工作中体现自己的价值，满足自己的成就感，增加他们的奋斗精神，从而增强留在农村的动力。

建立起"待遇留人、事业留人"的机制，以优厚的待遇吸引人，用公平公正的激励机制鼓励人，打造良好的环境凝聚人，形成尊重知识、尊重人才、尊重创造、鼓励创新、宽容失误的氛围，是留住农村发展人才的重要途径。

第三节 服务原则

巩固加强农业农村的基础地位，切实保障农民权益，不断解放和发展农村社会生产力，统筹城乡经济社会发展，坚持党管农村工作。实现上述目标任务，要遵循以下重大原则：

（1）必须巩固和加强农业基础地位，始终把解决好十几亿人口吃饭问题作为治国安邦的头等大事。

（2）必须切实保障农民权益，始终把实现好、维护好、发展好广大农民根本利益作为农村一切工作的出发点和落脚点。

（3）必须不断解放和发展农村社会生产力，始终把改革创新作为农村发展的根本动力。

（4）必须统筹城乡经济社会发展，始终把着力构建新型工农、城乡关系作为加快推进现代化的重大战略。

（5）必须坚持党管农村工作，始终把加强和改善党对农村工作的领导作为推进农村改革发展的政治保证。

第二章　互联网＋农村服务新体系

第一节　如何构建农村服务新体系

一、加大基础设施建设投入，确保网络覆盖到位

技术先进，功能完善的信息网络基础设施是发展"互联网＋"新农村建设的重要基础。《宽带中国战略》明确指出：到 2020 年，宽带网络 100％覆盖城乡；农村家庭宽带接入能力达到 12Mbps 的目标，目前的状况与目标仍有不小差距。政府部门要转变观念，应将"村村通信息"提高到与过去"通水、通电、通路"的高度来开展建设工作。国内城乡发展不平衡，尤其是农村边远地区，信息基础设施建设落后，已成为制约当地经济发展的通病。政府部门应设置农村信息建设补贴资金，并明确扶持政策（如光网进村入户建设补贴；又或者在现有农民的农机补贴、种养补贴等补贴项目的基础上，增加信息补贴项目，鼓励农民使用高速宽带，智能手机或惠农应用）；同时应设立农村信息化专项基金，鼓励社会力量投入到农村信息化建设中来，加大信息网络基础建设投入。为建设互联网＋农村打下网络基础。

二、建设好可持续运营的农村综合信息服务体系

由政府主导，提供场地，通过市场机制与社会力量合作，统一硬件标准，统一服务标准，统一运营模式，统一补贴标准，制订三年规划，全力建设全国统一的农村信息服务站体系，实现一村一服务点，开发统一的益农服务平台和客户端应用，培训一批合格的农村信息员，通过"互联网＋服务点"这种线上与线下协同的方式让农村综合服务站成为政府管理服务"三农"的前哨阵地。通过农村信息服务站体系，实现对三农的党员远教服务、农技辅导服务、农村医疗服务、精

准扶贫服务、缴费便民服务、平安乡村服务、政策传递和政务服务、村务公开服务、农村 OTO 商务、村级物流服务等，真正在农村地区做到让信息多跑路，让农民少跑腿，全面提高农村的生产生活效率。

在信息服务站体系建设过程中，要遵循先服务、后政务、再商务的原则。先通过信息站的各种便民服务，解决农民生产生活中的刚性需求，如缴费、农技指导和招务工查询、亲情视频通话等，让村级服务站成为自然的人气点；然后再提供政务服务，如政策传递解读、党员远程教育、政务业务办理等，帮助农民解决实际问题，将党的政策落实到最终个体，提升信息服务站在农民中的公信力；最后才是在服务和政务的基础上，做好电商 OTO、助农取款等商务服务，使服务点能通过市场运作的方式赚取合理的利润，保证农村信息服务体系长期持续运营。

三、整合资源，制定"互联网＋"新农村建设的标准

建议在国家层面成立相应协调统筹机构，整合各涉农行业以及社会力量的资源，推进国家级规划出台，明确牵头部门，为农村信息化制定一系列制度性规则和运行性规则，防止各部门多头投入，资源分散，各行其政。同时研究制订相关政策，统一确定包括"宽带乡村""互联网电视乡村""电子商务乡村""电子政务乡村""平安乡村""智慧教育乡村"等基于互联网应用的新农村建设标准和运营服务标准，并在每一个省着力打造几个示范区、县，形成带动效应，为农村信息化进一步创造良好的宏观环境和发展条件，促进农业信息市场的规范发展。

四、建立科学的考核评价和管理体系，保障政策落实

农业和农村在经济结构调整、产业转型升级以及供给侧改革中，起着非常重要的作用。而"互联网＋"新农村建设对于农业和农村经济的发展是创新驱动的基础和活力之源，建议将该项工作纳入省、市、区、县政府的一把手工程，逐年制定合理、明确的推进指标，如：农村信息站建设的数量、光网村建设进度、各种三农服务平台的活跃用户量、信息站的服务量等。并建议从 2016 年开始，纳

入各级政府的工作评价体系，保障政策推进的落实，让农村信息服务体系尽快建立和完善起来，真正在互联网＋农村的转型过程中发挥作用。

五、构建现代农业信息服务平台，让互联网为农民"牵线搭桥"

"互联网＋农业"是我国农业发展的重要方向。在 2015 年的两会上，李克强总理在政府工作报告中强调了要加快推进农业现代化进程，促进农村互联网金融创新。我国农业市场拥有将近 4 万个网站平台、3000 多本专业的农业期刊，另外还有数百种农业相关的报纸，以及一大批农业类广播电视节目，资源十分丰富。然而，我国农村人口占全国多半，达 9 亿之多，而农村网民人口不到 2 亿，还有 7 亿多的农民消息闭塞，对信息的需求得不到满足。"互联网＋农业"要依托互联网的信息技术和通信平台，使农业摆脱传统行业中消息闭塞、流通受限制，农民分散经营，服务体系滞后等难点，使现代农业坐上互联网的快车，实现中国农业集体经济规模经营。

第二节 互联网＋智慧乡村

一、建设背景

随着社会不断发展，科技不断进步，当前全球已经进入了网络化时代，QQ、微信、微博已经成为人们生活不可或缺的重要部分。但是农村信息现代化进程比较缓慢。我国是农业大国，中国农村人口众多，传播媒介相对欠缺，这使得互联网在农村有广阔的空间，发展农村互联网意义深远、影响广泛。

党的十八大报告指出，解决好农业、农村、农民问题是全党工作重中之重，要推动农村加快转变经济发展方式，让广大农民平等参与现代化进程、共同分享现代化成果。为推动农村经济的转型，结合"互联网＋"的时代特性，就要对智慧乡村进行新的研究解读。

大力发展中国农村电子商务，为工农业等物质能源产业的信息化改革服务，更好地促进它沿时代的方向发展，从而形成信息商务化、数字化。可以将农业生产的产前、产中、产后诸环节有机地结合到一起，解决农业生产与市场信息不对称的问题，可以帮助领导科学决策，指导生产者进行合理的安排生产，可以有效避免盲目发展带来的对农业农村的不良影响。目前，农业经济增长对物质投入的依赖趋于减少，而越来越依靠信息劳动，依靠人的智力和知识的投入。乡村智慧名片对传播国家对农政策、现代的农业生产技术和理念，提高农民的科学素养和科技水平，将现代社会进取、发展、流动等现代观念传入农村社会，开阔乡村农民的思维和视野有着重要的作用。

乡村农民在现代价值观念的改变下，为获得发展而有意识地体现到实际生产劳动中，推动劳动力素质的提高；建设乡村特产商城，解决农产品滞销等问题，发展农村乡镇居民购物消费的新方式，解决农村居民就业问题，为乡村特产直销提供便捷渠道；民生论坛、政府在线、领导信箱、留言板等应用功能为农民参与社会事务管理、发表意见提供一个开放、便捷的平台，促进最美乡村建设转型升级，拉动农村经济发展；利用移动互联网思维引领农村消费、农村生产，深入新农村的各个领域，让农民全面分享信息化成果；利用乡村智慧名片平台，让村民与政府之间沟通更高效、更便捷，大家集思广益，共建自己的幸福家园，最终实现"互联网+"模式的智慧乡村。

二、建设意义

智慧乡村项目是"互联网+"现代农业的重要内容，是转变农业发展方式的重要手段，是精准扶贫的重要载体，加快发展以农产品、农业生产资料、休闲农业等为主要内容的农业电子商务，对于创新农产品流通方式、构建现代农业生产经营管理体系、促进农民收入增长特别是贫困地区农民收入较快增长、实现全面建成小康社会具有重要意义。

主要意义有以下方面：

（1）为乡镇乡村树立建设数字化新农村的样板工程。

（2）为乡镇政府差别化发展、良性化竞争提供数据参考服务。

（3）为乡镇政府提供信息精确传播，及时送达，交流互动服务。

（4）为乡镇政府提供乡镇生态系统一体化、数字化建设服务。推动农村数字化改革，网格化管理，商旅化发展。

（5）为乡镇政府提供对外展示窗口服务。将每个乡镇精心策划包装，将其推广到城市人们视野的最前沿。

（6）为乡镇政府深挖自身资源进行市场化推动服务。帮助其策划乡镇特色，挖掘资源市场潜力，将乡镇的文化活动，旅游景点，商业体验街，农业经济，特色产业，农村金融、农村土地众筹、回乡创业等全部推送到全国联网进行市场化运作。

（7）作为乡镇政府的补充，在县乡村三级建设基层服务中心，落地农村开展工作，实现线下与线上良好对接，全面落实民生服务，做好农产品、休闲农业及风土民俗等的商品化转换。

如图 2-1 所示为智慧乡村信息服务平台。

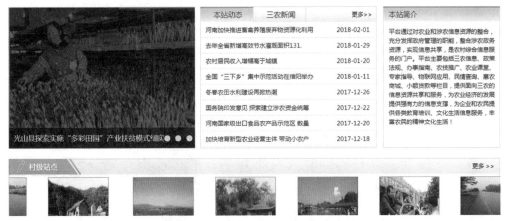

图 2-1　智慧乡村信息服务平台

第三节　互联网＋休闲农业

一、乡村休闲旅游大背景

乡村休闲旅游的形势发展迅猛。全球在近几年内已进入了休闲大潮，中国作为发展中的大国，更不例外，国内中层阶层的崛起，系乡村休闲旅游的中坚力量；国务院及各部委多次下发文件推促乡村休闲旅游的发展；传统的硬质资源景区已不再被人们宠爱，近两年有明显下滑态势；教育部门考虑学期放春假，让孩子放假，从而带动家庭休闲旅游；全国一些重要行业产能过剩，需要拉动内需发展，未来更看好乡村与乡村休闲旅游市场；现在供给侧改革正在向乡村产业推进，调整产业结构，发展乡村休闲旅游正是时候。乡村休闲旅游也正是全域旅游的重要内容，全域旅游离不开乡村休闲旅游的大发展。

二、美丽乡村建设与发展

乡村休闲旅游由最初的"一村一品"业态发展到近几年的美丽乡村建设，各地都在积极推进。本着"以人为本、并重民意，城乡一体、统筹发展，规划先行、梯度推进，生态优先、突出特色，因地制宜、分类指导"的大原则，与城乡一体的统筹方针指导乡村（休闲旅游）建设，应该说乡村休闲旅游对未来的乡村发展影响很大。从国家层面到各阶层都在关注乡村的发展，城市人去乡村休闲旅游甚至度假，已成为时尚及生活需求。

三、现实中的乡村休闲旅游

以农家乐为切入点，乡村旅游、旅游扶贫正风生水起。据统计，"十二五"以来，全国通过发展乡村旅游，带动了10%以上贫困人口脱贫，总数达1000万。2015年全国旅游总收入达4.13万亿元，完成旅游投资10072亿元，同比增长42%。截至2012年年底，全国有9万个村庄开展了休闲农业与乡村旅游活动，休闲农业与乡村旅游经营单位达180万家，其中农家乐超过150万家，规模以上园区超过3.3万家，年接待游客接近8亿人次，年营业收入超过2400亿元，从业人员2800万，占农村劳动力的6.9%。国家旅游局预测，未来3年，我国旅游直接投资累计将超过3万亿元，并将带动15万亿元以上的综合投资。据可查数据，2010年农业部、国家旅游局正式开展了全国休闲农业与乡村旅游示范县、示范点创建活动，至今已评定出520家。

四、各地的实践与业态类型

各地都在大力推进发展乡村休闲旅游产业，有个体形式，有中小企业形式，有混合制形式。具体表现为乡村村落形式、田园园区形式、景区形式、农家乐等形式。笔者总结，业态有九大类：农家休闲型、民俗风情传统文化型、村寨与古镇型、农业生产体验型、乡村休闲度假型、农业科普教育型、体验运动型、康乐型、乡村商务会所型。涌现出一些知名的乡村休闲旅游点，如江西的婺源、河南的重渡沟、陕西的梁家河、浙江的莫干山、北京的长城脚下"国际村"等。乡村休闲旅游的元素非常多，包括山水自然及田园风光、古村古街与古建筑、农耕用器与农耕文化、民俗风情、民间小吃、民居、乡村风水文化、民间娱乐文化、民间遗产文化、农业劳作过程与农业生产过程等。特别是近两年比较火爆的乡村"民宿"业态，更是突显其乡村休闲功能。

五、乡村休闲旅游怎么做

乡村休闲也必须围绕旅游六要素——"吃、住、行、游、购、娱"，深挖各要素来做。怎么留住人，留住人的神，留住人的胃，留住人的腿，留住人的伴；让人有回忆，有回味，有回头的感念，有回乡、思乡、怀乡的深刻体会，而不是过去的粗糙经营方式，更不能走传统景区（点）式的经营方式；乡村休闲游必须有回头客，否则很难持续经营。新乡村休闲还要围绕"乡、野、奇、特、俗、老、优"做文章。乡，就是要以乡土气息为主题，不要溶入太多的城市风味；野，就是要有乡村旷野感，不能搞过于现代教条化的建设；奇，必须有奇特的东西吸引人，如体验的奇特感、吃的味道奇特、玩的新奇；特，就是要有与别人不同的东西，一个乡村休闲产品必须有自己的独特亮点；俗，就是要有民俗风味；老，就是老的传统的东西，即老祖宗传承的文明及艺术；优，就是要有优越的环境及优雅的服务。

六、互联网＋休闲农业系统

发展休闲农业，既是发展城乡农业和丰富城市居民休闲文化活动方式的有益尝试，也是响应国家"十二五"规划的具体实施。互联网＋农村休闲旅游是基于物联网技术和无线传感器网络理论，结合农业相关技术，对无线传感器网络在休闲农业中的应用进行了研究与分析，设计了依托计算机现代化技术，集虚拟与现实于一体的新型休闲农业模式，实现了一个基于 Struts、Hibernate、Spring 等 J2EE 框架的休闲农业系统，以达到通过互联网来对现实农场中农作物的生长进行远程管理的目的。

如图 2-2 所示为休闲农业互联网系统。

图 2-2　休闲农业互联网系统

七、休闲农业发展转型

"互联网+"的本质是企业通过互联网收集海量的信息和数据，从中分析、倾听消费者心声，以此快速改进产品和服务，提供极致的消费体验。它促使当下以企业为中心的产销格局，转变为以消费者为中心的新格局，传统的乡村旅游要借"互联网+"之风发展升级，就要从旅游产品、营销模式、经营管理模式、软硬件、保障体系五大方面实现升级。

（一）旅游产品的升级

互联网乡村显然不是乡村的在线化和数据化，而应是以先进技术为支撑，产品建设为根本，因此乡村旅游想要取得可持续的发展，就要对接互联网消费思维，实现旅游产品的升级。

1. 乡村旅游创意产品的融入

互联网时代，人们的消费已经进入到个性化消费时代，传统的农家乐已经不能满足消费者的需求，因此乡村管理者一定要保持创新意识，在信息的帮助下寻找产品创意，利用每一个乡村独特的民俗、特产、风貌去深度创意。前在农产品创意领域，已经有"褚橙""卖檬"等创意品牌走出了一条路，通过"网络范儿"视觉与文字包装，品牌拥有了鲜活的生命力。

2. 新业态类型产品的拓展与开发

互联网时代下，要以全域化、特色化、精品化为乡村旅游的发展理念，拓展与开发原乡休闲、国家农业公园、休闲农场、乡村营地、乡村庄园、乡村博物馆、艺术村落、市民农园、民宿等新业态类型，助推从乡村旅游到乡村旅游生活的转变。

3. 网络可视化产品的增加

在线上微信互动、网上订购、"关注抽奖""媒体网络互动、大众广泛参与"，线下野外踏青、景观垂钓、采摘乐趣、枇杷佳肴、健身暴走、畅享自然基础之上，打造多种私人定制化的产品，通过网络可视化技术，提供乡村旅游产品的实时动态分享，让线上的消费者变为线下游客，线下游客变为线上消费的常客。

（二）营销模式的升级

1. 化客体消费为主体宣传

从加强景区自身建设出发，充分考虑消费者需要，让游客在实地游玩中享受、归心，营造多个拍照点、点赞点、感悟点、分享点，借助互联网平台分享出去，实现化客体消费为主体宣传。

2. 线上线下齐头并进

乡村旅游营销模式要实现"线上线下"互动营销、融合营销、精准营销，在做好线下营销的同时，要加大线上营销的力度。做好网站建设、微信、微博、微商、团购等多种互联网营销模式，除了提供乡村的地理位置、交通状况、旅游价格、自然风景、人文特色、村庄特色、民风民俗、住宿餐饮信息之外，还能建议旅游者游览线路、时间安排、食宿安排等，实现从"卖产品"，转变为营销乡村休闲生活方式。

3. 区域资源的整合营销

乡村旅游不是一家一户的各自为战，而是要实现资源的共享、形象的整合和市场一体化基础之上的整体化营销，采取政府引导、舆论造势、企业实施、农户合作的营销策略，通过统一整合产品、统一编排线路、统一包装形象，实现村庄整体的"乡村旅游名片"，或者是区域范围乡村旅游目的地的综合感知。

（三）经营管理模式的升级

通过乡村旅游 O2O 模式，发挥互联网在游前、游中、游后的优势，实现线上线下紧密结合的高效管理。通过与农业开发公司或旅游网站合作，将闲置的乡村旅游资源进行度假租赁的分级、整合、规模化管理，实现旅游资源的在线展示和预订，同时借助平台影响力，通过 APP 与游客进行在线互动。完成线上信息展示、营销、互动、决策、预订、支付等乡村旅游游前的线上服务，到线下个性化、多元化的乡村旅游体验的闭环过程。

（四）软硬件的升级

要实现互联网与乡村旅游的融合，必须具备硬件和软件的双重保障。加快完善乡村智慧旅游基础条件，建立基础设施保障，提供完备的景点网络、交通、医疗卫生等基础公共设施。并结合乡村旅游的特色，整合乡村各项地理信息、人文资源信息，建立相应的智慧旅游基础服务系统，引进互联网技术人才，为乡村旅游提供技术服务支持。

（五）保障体系的升级

在现有旅游标准化工作的基础上，推动乡村旅游信息标准化建设，逐步建立标准统一、数据规范、持续更新的乡村旅游信息化标准。同时，建立健全乡村旅游信息安全保障体系，鼓励行业主管部门和相关旅游企业使用技术先进、性能可靠的信息技术产品，配合第三方安全评估与监测机构，加强政府和企业信息系统安全管理，构建起以网络安全、数据安全和用户安全为主的多层次安全体制，保障重要信息系统互联互通和部门间信息资源共享安全。

第四节　互联网十农村金融

一、发展业态

目前，农村"互联网十金融"市场上主要有四类业态模式。

（一）大型"三农"服务商

以村村乐、大北农、新希望为代表的大型农业企业，长期深耕农村市场，通过建立经营养殖信息系统和开拓网上农资商城，掌握大量农业企业和农户资源，在此基础上向其提供农资贷款，如新希望推出的"福达计划"和大北农的"智慧大北农"都采用这种方式。

（二）电商综合平台

以阿里巴巴、京东为代表的电商平台进入农村市场时，将金融作为整体战略布局的一个部分。如阿里提出的"千县万村"计划和京东推出的"3F"战略，都是消费品下乡、农产品进城、金融协同的模式。目前，电商平台已广泛涉足农村电子支付、小额信贷、财富管理等各个领域。

（三）P2P平台

以宜信、开鑫贷、翼龙贷为代表的P2P平台也在走农村路线，它们通过线上平台整合资金和项目，通过线下网点（或代理商）开发客户，运用互联网将农村资金需求端与供给端有效对接。

（四）传统银行机构

以农村信用社、农业银行、邮政储蓄银行为代表的传统银行机构，近年来纷纷加大对农村互联网金融的投入，通过推广电话银行、手机银行、网上银行等方式，为农村居民提供更为便捷的金融服务。

二、发展目标

河南省正式印发了《河南省推进中原经济区农村金融改革试验区建设总体方案》，根据方案，中原经济区农村金融改革试验区设立了宏伟的总体目标，即通过全面推进农村金融综合改革，引导更多金融资源投向农村地区，在中原经济区率先建立"统一开放、主体多元、竞争有序、风险可控"的现代农村金融体系。

同时，方案中还提出了明确的阶段性目标——涉农贷款要保持平稳较快增长，增速超过同期各项贷款平均增速，力争 2015 年至 2020 年试验区涉农贷款保持年均 20％以上的增长速度，农户贷款覆盖率达 40％以上。

三、服务重点

（一）加快建立以普惠金融为核心的市场战略体系

实践证明，"互联网＋"为农村普惠金融发展提供了现实途径。农村中小银行要在现有金融发展的基础上，抓住机遇，加快建立以普惠金融为核心的市场战略体系。

一是要明确战略导向。后改革时期的农村中小银行要做到"改制不改向，改名不改姓"，聚焦"三农"定战略，坚持"草根"筑特色，秉承"普惠"求共赢，通过"互联网＋"做深做实"长尾市场"，为农民、小微企业、贫困人群等提供价格合理、便捷安全的金融服务，努力成为农村普惠金融发展的"主力军"和"顶梁柱"。

二是要发挥战略优势。与电商平台等互联网企业相比，农村中小银行具有网点人员、业务品种、客户基础等多方面优势，应学习借鉴美国富国银行经验，推动自身传统优势与互联网技术优势有机融合，着力推进"社区银行"建设，深度发掘"三农"核心客户群，在提高客户黏性和综合贡献度的同时实现普惠金融可持续发展。

三是要找准战略突破口。"互联网＋"时代，"大数据"已成为金融企业的核心资源之一。农村中小银行要更加注重信息立行、数据立行，着力提高信息收集、整合和发掘能力，突破普惠金融发展瓶颈。如湖北银监局组织全省银行业实施的"金融服务网格化"战略，就是推动银行业机构与社会综治平台合作，借助后者的"大数据"资源开发客户，有效缓解了"三农"和小微企业融资难、贵的问题，提高了服务覆盖面和可获得性。

（二）加快建立以市场客户为核心的业务创新体系

"互联网＋"时代服务企业的典型特征是以客户为中心，不仅要满足客户的基础性需求，而且要为客户创造"稀缺性需求"，这样才能确立企业的核心竞争力。为此，农村中小银行要加强以下几个方面的业务工作。

一是要做实负债业务。打破传统的"坐商"思维，树立自身和客户双赢理念，从为农民增加财产性收入的需求出发，提供附加值高、个性化的金融服务。比如推出活期余额理财产品、银行卡活期定期自动互转产品、银行卡存贷款互转产品、银基银证银保合作产品等，拓展多渠道和稳定的负债业务来源。

二是要做优资产业务。要围绕农业"四化"发展和新型城镇化建设，运用互联网技术有效整合客户资源，在跟踪掌握产业链中企业资金流、物流、信息流的基础上，更加精准地确定授信评级、贷款额度及利率期限，并进一步拓宽金融服务范围，实现与农业产业链的深度融合。

三是要做活中间业务。按照便民利民惠民的原则，为村民提供日常生活所必需的电费、燃气费、手机充值、社保缴纳、机票火车票购买等支付划汇业务，同时灵活开展银行卡、代理保险、理财、保管等简便易行的中间业务，通过优质服务提高客户黏性，逐步改变对存贷差收入的依赖。

（三）加快建立以综合平台为核心的金融服务体系

"互联网＋"时代，金融服务比拼的"快、准、优"，以客户体验和满意度为最高标准。农村中小银行要在现有电子信息化基础上，积极打造以平台建设为牵引、以智能服务为重点、以线上线下交互为驱动、以大数据分析应用为支撑的互联网金融服务模式。

一是拓展互联网支付渠道。积极布设自助终端、ATM、CRS、POS 等电子银行机具，推进 VTM 远程柜员、微信银行等移动支付平台开发建设，优化手机银行、网上银行、电话银行等的客户体验，为客户提供智能化、立体化、便捷化的支付结算服务。

二是改造优化物理网点。进一步优化网点布局，促进社区银行、电子银行和物理网点的结合，提高服务覆盖面和辐射度；进一步提升网点智能化水平，通过自助导览、自助填单、智能机器人等设施提高服务效率，实现传统服务和创新科技的有机结合；进一步加强对外合作，和农村供销社、连锁超市等共享渠道，丰富网点功能和业态。

三是建立互联网电商平台。积极研究农村生产生活场景，通过联合方式建立区域性农村中小金融机构电商平台（如财力和技术有限可先期采取开发移动 APP的方式），全面涵盖农产品资讯发布、农产品交易采购、农产品物流配送等生产环节，涵盖农民衣食住行等生活场景，涵盖银行理财、支付结算、资金管理等服务，形成一个完整丰富的 O2O 闭环。

（四）加快建立以科学发展为核心的经营管理体系

良好的体制机制是农村中小银行应对环境变化、实现永续发展的根本保障。加快建立以科学发展为核心的经营管理体系，农村中小银行应从以下几个方面完善体制机制。

一是优化组织框架。以市场和客户为中心，全面整合业务和管理流程，发挥贴近农村、决策链条短的优势，积极推动"流程银行"建设，提高管理效率和市场响应速度。有条件的银行还可以在内部探索成立互联网金融子公司或事业部，为全面深化"互联网＋金融"模式创新探索和积累经验。

二是量化数据资源。加快数据库建设，强化数据集成，在此基础上进行深度挖掘和分析，深入了解客户消费习惯、消费层次、信用水平、财务能力等信息，更加有针对性地开发设计金融产品。

三是强化风险管控。运用互联网技术升级改造风险管理系统，加强对行业变化、客户信用、资金流向等的监测和预警，提高风险应急防范能力。在和互联网企业合作时，既要充分掌握客户交易信息，防止沦为"通道"，又要筑牢"防火墙"，防止风险转嫁。

（五）加快建立以金融安全为核心的制度环境体系

基于农村"互联网＋金融"可能产生的各种风险和乱象，要以守住不发生区域性系统性风险为核心，加快健全制度"硬环境"和"软环境"，将其纳入规范有序的发展轨道。

一是加快互联网金融立法。从法律层面明确农村互联网金融的地位，厘清农村互联网金融的发展方向、主体地位、业务范畴等，对从事互联网金融业务的机构进行规范和引导。

二是加强互联网金融监管。按照国务院《关于促进互联网金融健康发展的指导意见》，明确农村互联网金融的监管主体、监管职责、基本业务规则、义务和要求等，既鼓励创新又防范风险。特别是对实质从事金融业务的互联网企业，要纳入金融监管范畴，接受监管制度要求，为农村中小银行创造公正公平的竞争环境，防止重蹈20世纪末农村金融"三乱"的覆辙。

三是加大互联网金融宣传教育力度。在农村地区建立互联网金融宣传教育平台，依托村委会、综治网格、银行网点等渠道，大力开展防范非法互联网金融活动的知识宣传，提高农民的金融风险意识，保障农村金融消费者权益。

第五节　互联网＋品牌农业

一、发展标准化品牌农业生产方式

标准化品牌农业建设以提高农产品市场竞争力、促进农民增收为核心，以建设社会主义新农村为总目标，用工业化的理念经营农业，积极推行农业标准化、大力实施以优化品种结构、改善产品品质、打造知名品牌为主要内容的"三品"战略。

（一）实施农业标准化，提高农产品质量

以农业龙头企业、农民专业合作社、行业协会、农业生产基地为主体，广泛采用国际标准和国内先进标准，制定和实施农业产前、产中、产后各个环节的技术要求和操作规范，开展全程质量控制。把建设农业综合开发项目、农业科技示范基地、特色优势农产品生产基地等与推进品牌农业有机结合起来，着力抓好生产基地建设。

（二）发展无公害、绿色、有机农产品，加强质量认证工作

按照"一个标准，两个市场"的原则，大力推进无公害农产品产地认定与产品认证一体化，推进行政区域和生产区域的一体化认证，加快产地认定和产品认证步伐。围绕发展主导产业，实施特色优势农产品区域规划，带动农产品产业带建设，加快发展绿色食品，着力提高绿色食品产业带动能力。

（三）完善农产品检验检测体系，提升品牌农业建设保障能力

在提升品牌农业建设中按照《农产品质量安全法》的监管要求，以现有农产品质检机构为基础，结合特色优势农产品区域布局，以特色主导产业为重点，进一步构建和完善布局合理、职能明确、专业齐全、运行高效的农产品质量安全检验检测体系。同时，支持农业企业、农民专业合作社购置检测设备，加强生产环节质量监控，为品牌农业创建提供保障。形成以市级中心为龙头，以市场、企业为主体的农产品质量检测体系。

（四）推进农业产业化经营，做大做强品牌农业经营主体

围绕畜牧、蔬菜、林果等主导产业，以培育、扶持有较强开发加工能力和市场拓展能力的农业品牌经营主体，通过基地、订单、股份合作等途径，鼓励企业、合作社与农户之间建立更加稳定的产销合同和服务契约关系，以品牌为载体，将分散的千家万户联合成一个利益共同体，实现小生产与大市场的有效对接。

（五）支持农产品商标注册，促进农产品品牌上市

整合现有农业品牌，鼓励农业龙头企业、农民专业合作社、行业协会等加强协作，支持和鼓励传统农产品、历史品牌产品的集中产区，积极申报原产地保护和地理标志证明商标，提升农业特色产业，打造农业区域品牌。

（六）加大营销推介力度，提高品牌农业影响力

对认定的名牌农产品，通过各类展示、展销活动及运用各种媒体，推介品牌，宣传品牌，形成了政府重视、企业主动、消费者认知、多方合力推进品牌农业建设的良好氛围，促进了品牌农业输出，扩大了名牌农产品知名度。同时，积极加强农产品专业市场建设，增强市场服务功能。积极推进品牌农产品专销柜、放心店建设，不断提高品牌农业的辐射面。

（七）完善要素保障机制，营造品牌农业发展良好环境

在农业产业化、农业科技进步等项目安排实施中，积极扶持鼓励品牌农业建设。积极争取上级农业、发展改革、财政、科技、工商、税务、质检等部门的支持，努力创造条件，从人才、资金、税收等方面予以支持，形成了"政府推动、企业主动、市场拉动"的良性互动格局，共同推进品牌农业建设。

二、创新发展品牌农业电子商务

电子商务有利于推动农业的生产和销售，提高农产品的知名度和竞争力，是新农村建设的助力器。电子商务作为一种先进的商务模式，能很好地解决农产品贸易中因信息不对成、交易成本高而效率低、受地理限制等引起的种种问题。根据我省的现实状况因地制宜，循序渐进，推行适合我省的农产品电子商务解决方案。

（一）建立健全农产品电子商务法律法规体系

随着信息网络的发展，电子商务呈现出爆炸式发展的趋势，但由于我国农产品电子商务起步较晚，相关基础设施建设滞后，农产品电子商务还处于初级阶

段，虚假交易、网络诈骗、黑客侵袭等现象时常发生，这就急需政府部门加强电子商务的法律法规的建设。针对电子商务交易、信用、物流、供应链协同、融资服务等环节，制定一批具有前瞻性、可行性、开放性、兼容性的法规、规范、标准，维护电子商务交易秩序，防范交易风险。

（二）大力推进农产品电子商务的标准化进程

利用现代电子信息技术，用电子信息聚集贸易主体和交易信息，提高空间集聚效率，在统一的交易规则下实现农产品交易，建立全市统一的农产品大市场，实现农产品资源科学合理配置，并建立科学的农产品定价体系。

（三）发挥政府主导作用，推动农产品电子商务发展

各级政府应发挥主导作用，扶持、规范和引导农产品电子商务发展。首先，加强财政支持。建立全市性的电子商务体系，鼓励县乡政府建立大型农产品网站，为农户提供专业化的信息网络平台。同时，鼓励企业参与到农村电子商务发展中。政府应该大力吸纳通信运营商以及科技企业的资金支持合作，帮助企业开发农村市场。其次，提供技术保障。鼓励科研院所、技术服务机构和农业电子商业协会开展针对电子商务知识的普及和推广，积极开展成果转化、咨询培训等工作，支持电子商务企业创新发展。再次，正确引导舆论。

（四）完善物流体系，大力发展冷链运输

物流是电子商务的重要组成部分，完善农产品电子商务下的物流配送体系，就是要改变传统物流分散的状态，从整个社会的角度对农产品物流实行系统的组织和管理。首先，建立跨地区物流配送组织和载体，即配送中心，连接生产和销售。其次，建立地区内、城区内配送网络。地区内、市内的配送网络是单层次的平面网络，在城区内，由配送中心完成采购订货、验收入库、储存保管、分拣、加工、补货、配货、配装等一系列的配送活动，为农产品销售提供支持。再次，积极发展第三方物流在连接城乡市场中的作用。大力发展冷链运输，使一些易腐烂的农产品得到保鲜。

（五）选择适合的电子商务切入模式

根据各地区农业经济发展的特点，采用适应本地区发展的农业电子商务切入模式。经济发达地区可通过电子商务平台实现接洽、合同和货款支付的电子化交易，除物流之外，商流、信息流、资金流都在网上进行，以真正体现电子商务的优势。不发达地区可以采用通过农业信息网的信息发布平台在网上发布供销信息，网下完成交易的初级电子商务模式。发展完善 C2B、O2O 电商模式。

（六）开展农业信息化知识培训，大力培养信息人才

采取各种措施培养新一代"电农"。农民的素质，是实现农业现代化的关键，也是农产品电子商务发展的重要因素。首先，要从实现农业现代化的长远目标出发，制订详细的规划，采取具体措施，有步骤、分阶段，踏踏实实地提高农民的文化知识水平和农业技术水平。在此基础上，对农民进行信息技术和电子商务培训，教育农民使用和掌握检索网络信息和网上交易的方法和技术，提高农民的信息素质和技术水平，改善农产品电子商务应用的社会基础。

（七）农产品的标准化和品牌化建设

电子商务的一个重要特征就是商品的品牌化和标准化。我国将大力推进农产品名牌战略，加快实施农产品包装化、商标化销售策略。

第六节　互联网＋智慧农业

智慧农业体系，利用现代信息技术成果，集成计算机与网络、云计算、大数据技术及专家智慧，实现农业生产环境的智能感知、智能预警、智能决策、智能分析、专家在线指导，为农业生产提供精准化种植、可视化管理、智能化决策，提升农业生产从耕种、灌溉、施肥、收获、运输、消费等过程的智能化信息化服务，全方位支撑国家农业生产向产出高效、产品安全、资源节约的发展方式转变。

未来，智慧农业体系将进一步实现更完备的信息化技术支持、更透彻的农业信息感知、更集中的资源管理、更广泛的信息互联互通、更深入的智能控制、更

贴心的公众服务，实现农业远程诊断、远程控制、灾变、预警等智能管理，借助互联网平台向公众提供更广泛、更便捷的农业云服务。

"互联网＋"是利用信息通信技术以及互联网平台，让互联网与传统行业进行深度融合，创造新的发展生态。它代表一种新的社会形态，即充分发挥互联网在社会资源配置中的优化和集成作用，将互联网的创新成果深度融合于经济、社会各域之中，提升全社会的创新力和生产力，形成更广泛的以互联网为基础设施和实现工具的经济发展新形态。

"互联网＋农业"就是依托互联网的信息技术和通信平台，使农业摆脱传统行业中消息闭塞，流通受限制，农民分散经营，服务体系滞后等难点，使现代农业坐上互联网的快车，实现中国农业集体经济规模经营。

一、互联网＋精准农业

（一）大田和温室物联网应用

1. 农情信息采集系统

针对农田信息采集的业务需求，结合环境监测传感器技术、视频监控技术、远程气象监测技术、地理信息系统技术等信息化技术和智能装备，建设农情信息采集系统（如图2-3所示），统筹农作物生产各个方面农业综合资源。建设基于GIS的农作物种植区资源数字化管理系统，实现农作物生产农业资源信息采集与实时在线更新、资源信息查询检索与统计分析、可视化表达和决策分析应用等，并通过地图、报表和图表等多种方式，实现现代农业管理、精准管理、未来规划管理等服务功能；通过基于物联网的环境数据采集系统，利用传感器、气象信息采集、土壤墒情信息采集和视频监控设备，采集和监测各种农田环境信息以及图像和视频等，并对其进行传送、转换和存储，以及存储后的管理功能；通过基于移动终端的农情信息采集系统和设备，实时传输农作物苗情、墒情、病虫草鼠情、灾情以及田间作业情况，与其他系统进行信息交互，实现农作物生产农田信息实时监测、展示。农情信息采集系统为农场总部全面掌握农作物生产各类农业资源，实现科学管理与调度决策提供支撑。

图 2-3　移动四情采集平台登录界面

2. 大田四情监测舆情系统

大田物联网四情监测舆情系统可通过虫情测报灯、苗情、灾情摄像机和墒情传感器对每个监测点的病虫状况、作物生长情况、灾害情况、空气温度、空气湿度、露点温度、土壤温度、光照强度等各种作物生长过程中重要的参数进行实时监测（如图 2-4 所示）。测量结果可以在网站上直观地显示出来，同时还可远程设置每个点的各种参数，并且配套服务平台，将数据传入平台上，再配合专业的分析处理功能，可以对作物生长环境信息的处理分析，提供更多更好的科学指导。

图 2-4　"实时数据采集"界面

大田物联网四情监测舆情系统是由传感器与主机，以及中心服务器这些硬件组成的，由中心服务器提供平台服务，设备上传数据到中心服务，用户通过Web、PC与移动客户端可以访问数据与系统管理功能。

3. 环境信息采集及预警分析系统

基于农作物生产农情监测分析预警的业务需要，结合遥感技术、通信技术、传感器技术等现代农业信息化技术和智能装备，建立小麦农情监测分析预警系统，重点是多源遥感宏观农情监测与决策服务系统和地面传感小麦农情监测预警系统，实现农作物生产长势监测与估产、品质监测与预报、灾害监测、肥水诊断与调优，以及农作物苗情、墒情、病情、灾情监测分析预警，保障安全农业生产（如图 2-5 所示）。

图 2-5　"环境预警提示"界面

4. 农业物联网智能控制 APP

农业物联网，即通过各种仪器仪表实时显示或作为自动控制的参变量参与到自动控制中的物联网（如图 2-6 所示）。可以为温室精准调控提供科学依据，达到增产、改善品质、调节生长周期、提高经济效益的目的。

大棚控制系统中，运用物联网系统的温度传感器、湿度传感器、pH 值传感器、光照度传感器、CO_2 传感器等设备，检测环境中的温度、相对湿度、pH 值、光照强度、土壤养分、CO_2 浓度等物理量参数，保证农作物有一个良好的、适宜的生长环境。远程控制的实现使技术人员在办公室就能对多个大棚的环境进行监测控制。采用无线网络来测量，获得作物生长的最佳条件。

图 2-6　农业物联网智能控制系统登录界面

5. 农机指挥调度系统

决策指挥调度系统针对农场农作物生产过程指挥管理的需要，围绕农作物从生产、物流配送到销售的业务流程，结合精准生产过程中农机管理以及四情监测的实际需求，建立决策指挥调度平台，重点建设农场资源计划系统、农机可视调度系统和四情可视调度系统（如图 2-7、图 2-8 所示）。

图 2-7　四情可视调度指挥系统（一）

图 2-8　四情可视调度系统（二）

（二）生产管理物联网应用

1. 远程诊断及农业专家系统

针对农作物常见病虫害的远程诊断和咨询，提出相应的管理措施。同时，专家系统、在线远程视频咨询和问答，可为农业龙头企业、农民专业合作社、种养大户等各生产主体提供全程的技术指导与服务，亦可与智慧农业客户端对接，通过智能手机或智能终端向农户推送农技知识。

2. 农作物测土配方施肥推荐系统

测土配方施肥技术是国家为提高农业综合生产能力，保护生态环境、确保农业可持续发展的一项重大措施。随着智能手机的出现，手机与人们的生活越来越紧密地联系在一起。本系统后台采用 Web 服务器，前端采用 HTML5 技术，适用与各种手机及平板电脑，界面友好、操作简单、便于携带、脱机查询。

紧密结合各地农业局农作物精准生产施肥推荐工作，以服务农业职工、农民为出发点，构建农作物生产施肥推荐系统。该系统围绕施肥与养分监测信息的采集结果，建立数据分析模块，对各类采集数据的统计与分析，为各地农业局宏观掌握农业农作物土壤肥力变化、施肥情况与农田环境污染提供理论基础；

依据平衡施肥原理，建立施肥决策模块，根据各地块土壤肥力情况和作物养分特征，提供科学合理的施肥建议，同时还可为肥料企业各类复混肥、系列专用肥的生产提供科学依据；建立信息推送模块，以短信和邮件的形式向农民推送施肥建议、施肥知识等信息，加大对农民的信息服务；最后，建立土肥管理的分析工作报告。

农作物生产施肥推荐系统界面示意图见图 2-9。

图 2-9　农作物生产施肥推荐系统界面示意图

施肥决策模块以平衡施肥理论为指导，根据测土数据或土壤数据库查询得到土壤养分数据、农作物种类、种植模式等信息，结合肥料养分含量知识库、作物品种与最高产量知识库，通过设定施肥地块、典型种植作物、目标产量、管理水平等，通过施肥模型的准确计算，制订配方施肥方案，给出用户施肥建议卡，并在 GIS 地图上以地块为单元显示施肥范围。

3. 水肥一体化解决方案

水肥一体化技术是将灌溉与施肥融为一体的农业高新实用技术，将肥料溶于灌溉水中，通过管道灌溉系统同时进行灌溉与施肥，适时、适量满足农作物对水分和养分的需求，实现水肥同步管理和高效利用（如图 2-10～图 2-12 所示）。该技术具有省肥节水、省工省力、降低湿度、减轻病害、增产提质、增效明显等特点。

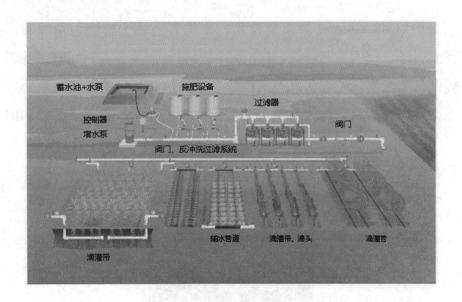

图 2-10　滴灌原理示意图

图 2-11　微灌

图 2-12　喷灌

4. 农作物生产智能农机具系统

以规模化种植农作物种植基地为基础，建设农作物生产智能农机具系统，重点建设农田激光精平机、变量施肥机、精量喷药机，综合运用现代信息技术和智能装备技术对农田进行因地制宜的空间网格化单元精细管理，运用定量决策、变量投入、定位实施的田间作业管理模式从农作物产前、产中、产后生产的关键点进行精准作业管理作业，以达到充分利用耕地资源，提高土地生产力；提高肥水资源利用率，减少资源浪费，防止环境污染；提高农产品产量、品质、效益的目的。

图 2-13 智能装备系统业务流程图

5. 农资进销存管理系统

农资管理软件是一款专业的农资销售管理软件，适合农资销售部门、门市、农资营销公司、农机销售、化肥销售等单位进行高效精确管理。功能包含商品进货、销售出货、仓库库存管理、统计报表管理、财务管理、收入支出管理等子模块（如图 2-14 所示）。软件界面设计简洁、美观，其人性化的软件流程，使普通用户不需培训也能很快掌握软件使用方法，是企业提升形象，加强管理的必备软件产品。

农资行业有着以下鲜明的特点：

农药的有效期管理：在农资行业中，农药是有一定的有效期的，农药过了有效期将失去药效，如卖给客户将给客户带来无法挽回的损失。农资管理软件采用先进先出与批号调整相结合的管理方法，杜绝了失效药品的销售。

商品管理：支持条形码管理；可分别对商品库存设置库存商品的上下限，对库存进行良好的监控；可预设多种进销价格，系统自动记录最高、最低、最近价格。

往来单位管理：可对往来单位进行分类管理，详细记录往来单位的基本档案，同时记录和往来单位的历次业务往来及货款结算记录，生成与往来单位的往来账。

业务员管理：可以对业务员的各种业务数据分别进行统计，以分析业务员的业绩。

操作员权限设置：每一项操作均可设置权限，可确保系统安全。

仓库设置：为操作方便，系统提供了默认仓库。在开单时，系统会自动从默认的仓库进出商品。可以设置任意多个仓库，只有设置了仓库，才能开订单，进销货单、出入库等单据，按仓库进行进销货情况统计、毛利情况统计等。

参数设置：根据用户的实际情况，完成系统参数设置以使软件更适应本单位特点。

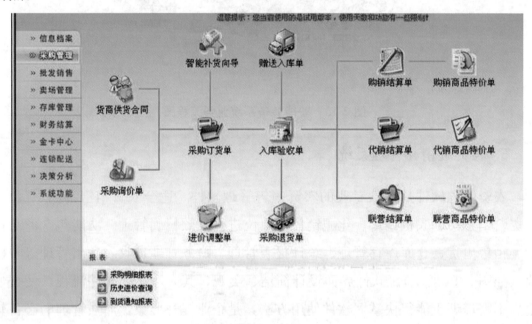

图 2-14　农资进销存管理系统

（三）畜禽养殖物联网应用

随着社会的发展，污染日益严重，环境越来越受人们的重视。同样，为了能让牲畜更好更快的生长，只有为牲畜创造良好的生存和生产条件，才能达到投入饲料少，获取数量多，牲畜质量好的效果。对于牲畜业来说，其生产主要受养殖品种、喂食饲料种类和质量、疫病、生长环境和管理水平等因素的影响。其中环境因素所起的作用尤为重要，一般占 20％—30％ 的比重。牲畜环境因素包括温度、湿度、噪声、光照、有害气体（NH_3、CO_2、H_2S）浓度、密度、通风换气等。

以生猪养殖为例的智能管理系统如图 2-15 所示。

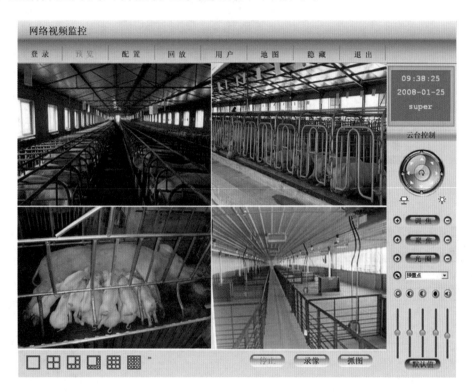

图 2-15　以生猪养殖为例的智能管理系统

（四）水产养殖物联网应用

鱼类养殖已经是十分普遍的养殖项目，因其肉类鲜美，营养丰富，种类繁多，养鱼业不仅没被众多水产养殖业淘汰，反而呈现出发展上升的态势。随着自然环境的改变，很多珍惜鱼类濒临灭绝，如娃娃鱼、中华鲟鱼……人工养殖渔业不仅成为满足市场需求的做法，更是保存物种多样性的最佳方式。

随着科技的发展，物联网养殖的出现（如图 2-16、图 2-17 所示），传统的养殖模式开始向这一新型养殖方式靠拢。物联网采用无线传感技术、网络化管理等先进管理方法对养殖环境、水质、鱼类生长状况、药物使用、废水处理等进行全方位管理、监测，具有数据实时采集分析、食品溯源、生产基地远程监控等功能，在保证质量的基础上大大提高了产量。

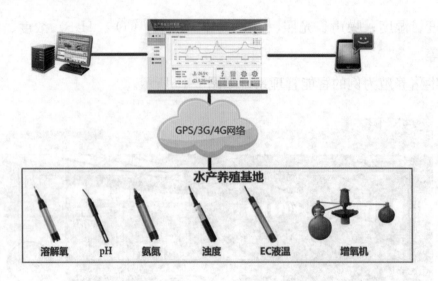

图 2-16　水产养殖物联网系统示意图

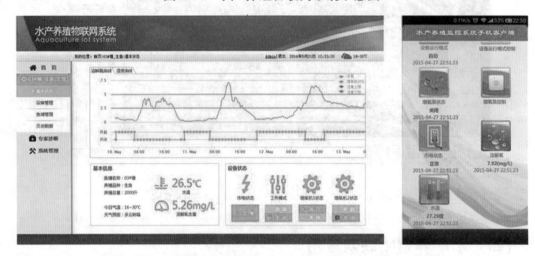

图 2-17　水产养殖物联网系（右为监控系统手机客户端）

二、互联网＋农产品质量监管

（一）企业安全生产物联网应用

1. 便携式农事信息采集系统

便携式农事信息采集系统（见图 2-18）主要实现常规农事计划的编排及生成，生产环节信息的智能采集及信息录入；对于地块较多的企业，生产记录录入的工作量很大，因人员众多、知识水平和业务素质不一，对同一操作或事件的记录会有很大差别，为了便于生产基地和标准化管理，我们采用便携式农事信息采集系统进行数据自动采集，系统内置了生长计划的定制管理、施肥管理、试药管理、灌溉管理等基本模块，操作员只需操作几个按钮就可以对农产品的生产过程每一个环节进行采集，真正实现农事信息的智能采集。

图 2-18　便携式农事信息采集系统登录界面

2. 生产主体备案系统

对被认定为"三品一标"的生产基地，龙头企业、农民专业合作社以及从事农产品收购、储藏、加工、运输的单位或个人信息进行详细备案登记，包括采集的主体名称、主体类型、责任人、员工人数、年营业额、主营产品、联系方式等相关信息。

3. 农作物生长履历遥感监测系统

一套农作物生长环境监测工具，主要实现种植区空气温湿度、土壤温湿度、光照、降雨量、二氧化碳、风速等生长环境因子的数据采集及展示；满足了环境信息和生产视频一体化感知需求，提高了生产信息的可信度，为用户提供农业管理方面的决策依据；其性能指标如下：温度测量范围：－40—100 摄氏度；温度精度测量：±0.1 摄氏度；湿度测量范围：0—100％RH；光照度测量范围：0—256 klx；所有检测值误差小于 5％（如图 2-19 所示）。

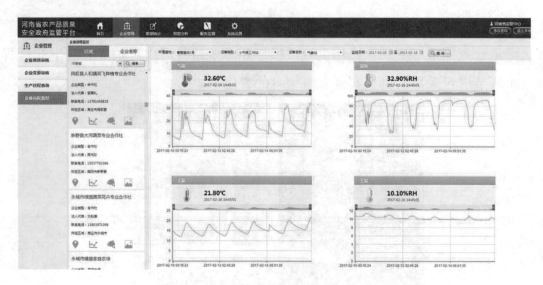

图 2-19 农作物生长履历遥感监测系统

4. 农残检测数据处理系统

利用农残检测仪将数据采集获取到的检测数据，能快速检测果品和蔬菜中超标的农药、重金属、氨基甲酸酯等数据，为农产品质量安全提供具有说服力的佐证，有利于涉农企业品牌塑造及形象提升（如图 2-20 所示）。

图 2-20 农残检测数据处理系统

（二）互联网＋农产品质量安全政府监管

1. 预警分析评估管理系统

基于标准化、合理布局农产品监测信息采集点、构建一套包含标准化机制、信息采集机制、分析评估机制、警情预报与发布机制、监管人员及涉农企业考核机制的农产品风险评估预警系统（如图 2-21 所示）。

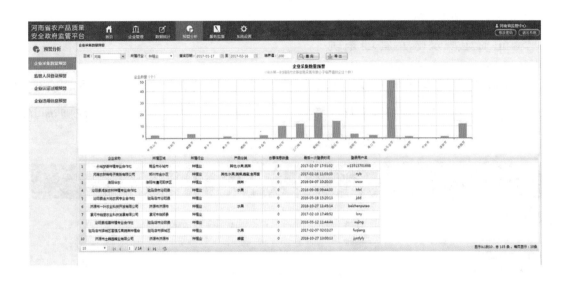

图 2-21　预警分析评估管理系统

2. 监督检查管理系统

监督检查管理系统是质量安全追溯的重要组成部门，利用共享信息交换系统可以把数据采集系统获取到的检测数据，直接调取至此系统应用，企业正常进行产品自检，系统会自动调取，如果没有经过检验，系统则不能自动生成产品的标识，不能进行正常追溯（如图 2-22 所示）。

图 2-22　监督检查管理系统

3. 企业违规及曝光管理系统

通过曝光违规企业的不法行为，为不法行为提供有力佐证，加强政府威慑力，有效规范企业违规操作行为，提升政府监管效能，达成"变被动管理为主动管理"的管理目标（如图 2-23 所示）。

图 2-23 企业违规及曝光管理系统

4. 在线投诉管理系统

提供一套消费者、企业、政府等多方面和多角色的全方位投诉管理平台，为广大消费者提供的网上维权服务，维护消费者的合法权益，为改善消费环境提供科学、高效的管理工具（如图 2-24 所示）。

图 2-24 在线投诉管理系统

5. 名优产品自动推介系统

根据各个企业产品在政府监管下的得分情况以及消费者对产品的评价，经计算综合评选出名优产品，自动展现在首页（如图 2-25 所示）。

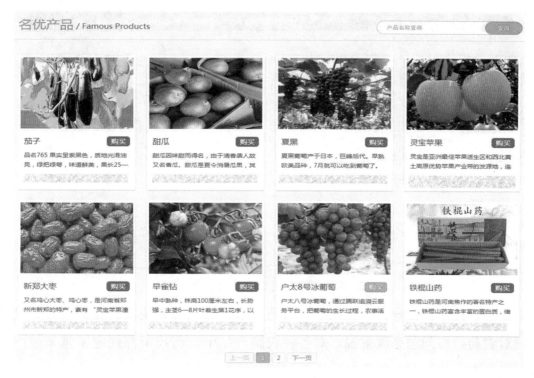

图 2-25 名优产品自动推介系统

6. 企业信用等级评价服务系统

系统根据企业自检、管理部门的监管抽检数据，参照受检频率、检测数量、合格率、设定的标准、消费者投诉、系统应用和公众评价等指标进行信息分析，自动生成对企业的信用等级评价信息，根据信息评价信息，对各企业进行排名，排名靠前的企业和产品会在平台首页上进行宣传（如图 2-26 所示）。

7. 农药残留检疫检测管理系统

农业产业化的发展使农产品的生产越来越依赖于农药、抗生素和激素等外源物质。我国农药在农产品上的用量居高不下，而这些物质的不合理使用必将导致农产品中的农药残留超标，影响消费者食用安全，严重时会造成消费者致病、发

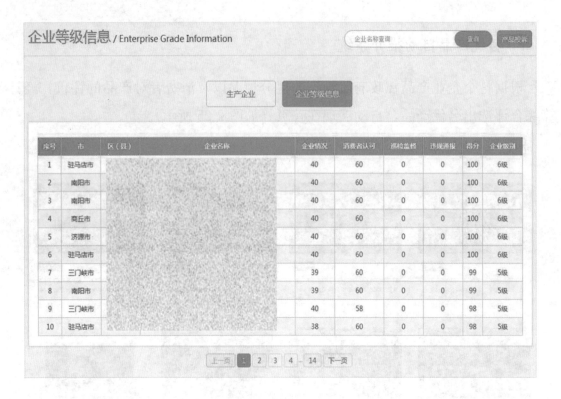

图 2-26　企业信用等级评价服务系统

育不正常，甚至直接导致中毒死亡。农药残留超标也会影响农产品的贸易，世界各国对农药残留问题高度重视，对各种农副产品中农药残留都规定了越来越严格的限量标准，使中国农产品出口面临严峻的挑战。

农药残留检疫检测管理系统可以对农药残留检测结果进行管理，包括进行审核、奖励、处罚等（如图 2-27 所示）。

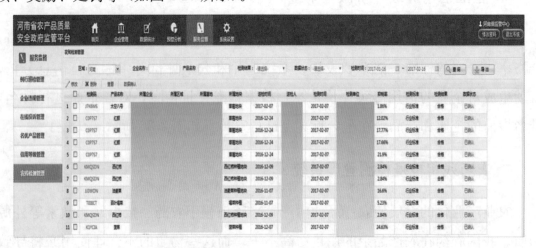

图 2-27　农药残留检疫检测管理系统

8. "三品一标"产品认证管理系统

"三品一标"认证信息管理系统（如图 2-28 所示）是利用全球定位系统、地理信息系统、遥感技术、空间分析等技术，结合调查、统计等手段，收集认证类型（无公害农产品认证、绿色食品认证、有机产品认证和地理标志产品）、涉及行业（种植业、畜禽业、水产业）、获证单位名称、获得证书时间、证书有效期、认证基地面积、详细地块、认证产品种类、产品年产量、标识使用情况、督导检查情况等属性信息进行组织管理，以及对与"三品一标"认证相关的环境监测、遥感等相关数据的综合分析，提高对通过"三品一标"认证企业的监管水平，提升领导的决策效率，对农产品质量安全指导工作提供快速指导作用。

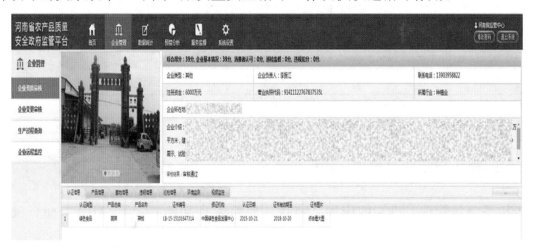

图 2-28 "三品一标"产品认证管理系统

9. 农业投入品监管系统

为相关监管执法部门提供辖区农资安全监管综合信息管理平台，实现对从事种子、农药、兽药、肥料等经营的农资经营店基本信息管理。

通过系统的权限控制与角色区分，各级部门可实时汇总其管辖区域的监管执法检查记录，对存在问题的农资生产或经营企业单位，监管部门可即时制定相应处理措施。

通过建立任务、消息、预警信息管理模块，实现监管部门对计划监管对象进行即时的执法检查或立案查办。

系统信息统计模块实现了监管数据按不同年份、不同乡镇、不同农资种类的实时统计、比较与分析，同时提供可视化的统计曲线与图表，为辖区农委、种植业服务中心制定监管决策提供全面、科学的依据（如图 2-29 所示）。

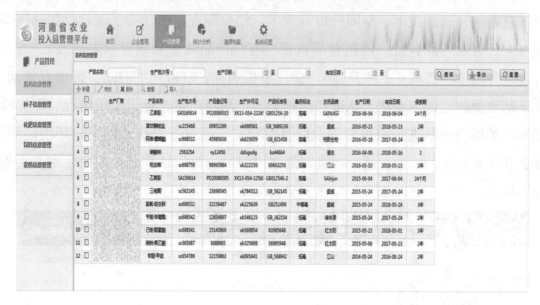

图 2-29　农业投入品监管系统

10. 移动执法监督管理 APP

执法监督管理手机端的应用，将执法监督管理功能移植到 APP 上面，极大地提高了便捷性，为执法人员随时随地的执法提供方便（如图 2-30 所示）。

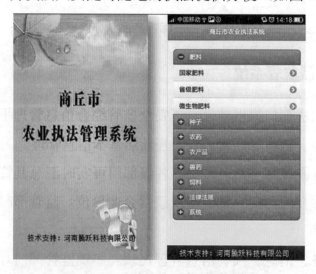

图 2-30　移动执法监督管理 APP

（三）互联网＋公众信息服务

1. 产品溯源信息多类别查询系统

生产档案、投入品使用、农事操作采集、检测检验、产品标识等多个系统应用，都要通过产品溯源查询系统进行展示应用，追溯系统生成的每个产品的标识，包含产品定制、浇水、施肥、施药、采摘、检测、运输全过程的信息，消费者从购买相关农产品后，可利用该系统为广大公众进行产品追溯查询入口，根据产品标识上的追溯码、企业名称、产品名称等多种方式进行录入或定时查询，从系统获取产品的生产、收购、贮存和运输各环节的质量安全信息，实现"追根溯源"，做到放心采购（如图 2-31 所示）。

图 2-31 产品溯源信息多类别查询系统

2. 安全信息发布服务系统

该系统为整个平台提供一个信息发布与展示的窗口，可发布与农产品质量安全相关的图片、文字及视频信息，如行业动态、工作信息、相关政策、通知通告、安全信息、宣传告示等；让公众应用此系统，随时可了解农产品质量安全的信息和数据，成为农产品质量安全监管和检测机构对外宣传窗口和信息发布平台。

3. 产地地理信息标识系统

产地地理信息标识系统以地图展现形式，在地图上标注出检测机构、"三品一标"基地、生产基地、农业园区、龙头企业、农民专业合作社的分布情况，点击每个单位，系统就会自动显示本单位的基本情况、检测数量、合格率、认证情况等农产品质量安全情况，便于监管部门随时随地的查询和管理（如图 2-32 所示）。

图 2-32　产地地理信息标识系统

（四）农产品质量安全指挥监控中心

该平台（见图 2-33）集信息查询、数据分析、在线监控、指挥调度于一体，依托主体备案、生产档案管理、投入品使用、产品质量标识、数据采集等系统和安装的高清摄像装置，实现领导和专家在应急指挥中心通过大屏幕可对全市的生产基地，农业园区，农民经济合作组织，农产品收购、储存、加工、运输企业从生产到上市前所有信息数据和视频资料的在线监控，实时掌握全市的农产品质量安全状况，对出现的质量问题，可通过视频资料和分析数据及时研判，做到有问题早发现、早预防，防患于未然。

农产品追溯从整体意义上来讲，主要包括跟踪（Tracking）和追溯（Tracing）两个方面。跟踪是指从供应链的上游至下游，跟随一个特定的单元或一批产品运行路径的能力；追溯是指从供应链下游至上游识别一个特定的单元或一批产品来源的能力，即通过记录标识的方法回溯某个实体来历、用途和位置的能力。

安全溯源包括向上追溯以及向下追溯。当某一食品出现安全问题，我们可以通过溯源系统找到哪一个环节，哪一个原材料出现问题，同时能对该环节，原材料设计的同批次或者同原料食品进行追踪，必要时可以召回或者冻结此批次食品流出，这样可以将食品危害降低到最低，实现农产品质量安全责任追究，同时满足消费者的知情权、选择权，提高企业产品形象、管理水平。

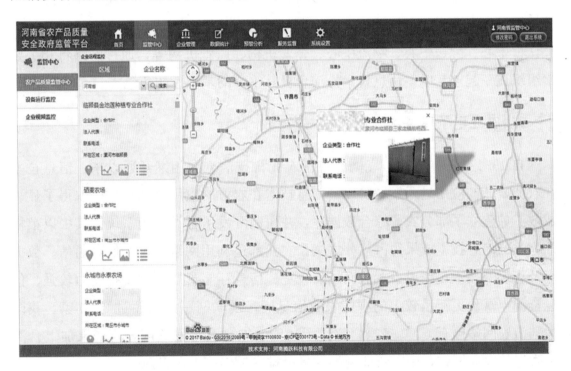

图 2-33　农产品质量安全指挥监控中心

第七节　互联网＋农村电商

一、农业电子商务的发展

（一）农业电子商务的定义

1. 电子商务的基本概念

农业电商平台是指利用现代信息技术（互联网、计算机、多媒体等）为从事涉农领域的生产经营主体提供在网上完成产品或服务的销售、购买和电子支付等业务交易的网站平台。农业电子商务是一种全新的商务活动模式，它充分利用互联网的易用性、广域性和互通性，实现了快速可靠的网络化商务信息交流和业务交易。

以农业网站平台为主要载体，为农业提供各种商务服务或直接经营商务业务，涉及社会方方面面的系统工程，包括政府、企业、商家、消费者、农民，以及认证中心、配送中心、物流中心、金融机构、监管机构等，通过网络将相关要素组织在一起。其中，信息技术扮演着极其重要的基础性的角色。

2. 农业电子商务的发展历程

自 1994 年中国农业信息网和中国农业科技信息网相继开通以来，信息技术在农业领域的应用进入发展阶段。信息技术在农业的应用研究与推广取得了显著成效。如建立了部分农业综合数据库，并研制开发了各类应用系统，其中以粮棉油为主的信息技术成果约占三分之一。农业部还利用网络协议、信息通信、数据库及查询等技术，建成了专业面涵盖较宽、信息存储及处理和发布能力较强、信息资源丰富及更新量较大的中国农业信息网，现联网用户已超过 3000 家。我国大陆涉农网站已有 6000 多家，超过了法国、加拿大等发达国家，如果加上台湾和香港的农业网站，中国农业网站数量可排在世界前十名以内。

我国农业信息化还处于人才缺乏、体系不健全的状况。虽然一般县级以上的各级政府都有网站，但网站提供信息的时效性差，针对性不强，发布的内容以生产信息、实用科技信息居多，市场信息、供求信息和农村经济信息偏少，缺乏对主要农产品的生产、销售、贮存、加工的动态分析、监测和预警预报等。

3. 我国农业电商现状

1）农村互联网特征

农村互联网面向整体农村人群，人口基数大，但分散，单位面积人口密度小，整体文化水平不高、收入水平低等。依据这些特征所设计的互联网产品其代表的意义和价值也随之不同。

（1）人口基数。一个群体人口基数大，通常情况下我们会认为基于这个群体的互联网产品所代表的市场份额会比较大。在当前城市互联网创造出惊人价值的前提下，农村互联网孕育着强大的价值潜力。

（2）人口分散。虽然农村人口在我国占据较大的比例，但人口分散程度较高。一些在城市互联网呈现的产品形态在农村互联网就不一定适合。例如：LBS服务型产品（Location Based Services，又称定位服务，是指通过移动终端和移动网络的配合，确定移动用户的实际地理位置，从而提供用户所需要的与位置相关的服务），即便获取地理位置信息数据相对容易，提供服务成本和时间都会比城市互联网高。但信息是无距离的，信息对等服务所展现的力量较强。

（3）文化水平较低。互联网属于新兴产业，对于农村互联网来说，用户养成、习惯培养所消耗的成本较高。

（4）收入低。经济基础决定上层建筑，收入水平直接决定其对产品切入点的限制。例如：城市互联网做消费升级的事情，这在农村互联网中推进的速度要慢很多。农村互联网在收入水平受限的前提下，其切入点更多的要放在提高农村整体生活水平和提高农村收入上。

农村互联网在现有阶段的特点是：价值范围单一，低频使用，养成周期较长，获取用户成本较高等。

2）农村互联网需求

农村互联网面向的用户群体是农村范围内的用户，其大部分人口基数是种植农户。针对种植农户的需求可以简单分为两个部分，生活消费品类和生产资料类。

（1）生活部分。目前比较有代表性的农村生活消费品类的互联网产品，其主要围绕农户的基本生活——衣、食、住、行几个维度进行切入。例如，在农村家庭中，平均每户家庭都有一辆交通工具，与城市互联网相比，由城市小轿车转换为家用摩托车、三轮车等简便交通工具。

（2）生产部分。农户最依赖的是其耕种和生产的能力。在现有阶段，农户的生产能力抗风险能力差，可支配和控制能力低。很多维度直接导致农户生产能力无法得到很好的保障。

①农资。农户目前对农资的需求，已经从原有的图便宜转换为对高品质的需求。农户对种植过程中农资的使用渐渐提高到需要可持续发展的要求。高品质、价格优惠的农资产品在当前农业生产中有较强的需求点。

②农机。根据国内土地流转综合服务平台提供的大数据，2015 年国内土地流转已经达到 30％以上，大型农田对于现代化农机使用有迫切需求。

③农技服务。农技服务旨在科学化指导种植，为种植过程中提供科学化解决方案、新技术农机使用指导、土地墒情、预测分析等。同国外农业发达国家相比，我国农技服务缺口较大。

④金融服务。农户对金融服务体系的需求也相对城市比较紧迫，但是风控成为农业金融急需解决的问题。

⑤信息化工具。信息化工具在一些大农场生产过程中也存在比较大的需求，相关的农业信息平台在农业生产流程中能起到较大作用。

3）农村信息化程度

农村信息化程度有着比较有趣的现象，经过实地考察发现，县级人口对于智能手机的普及率较高，但是村镇耕种人口对智能手机的普及率非常低，县村之间存在严重的断层，这个断层出现原因有二：

（1）村镇人口主要工作在土地耕种，对于信息化需求要求不高，县级人口反而对信息获取需求要求高。

（2）村镇人口年龄主要分布在 45—55 岁之间，其信息化培养成本较高，学习能力有限，县级人口年龄分布均匀，新老人口交叉带来信息化推进速度快。

针对目前农村互联网面向人群来看，2C（又称 C2C，就是 Customer to Customer，是个人对个人进行交易）互联网产品依旧存在较大困难，其主要原因是 2C 面向的用户信息化低，购买力低，人口分散等问题。反而，农村人口针对 2B（又称 B2B，就是 Business to Business，是商家对商家进行交易）小商家产业则具有较大的上升空间。

4. 农业电商平台的趋势

1）政府会继续加大对农村（农业、农产）电商支持

过去几年农村电商由于基础设施跟不上，一直是靠市场自发的力量在主导发展，这些年来通过地方上的积极实践，积累了很多经验和样本，也让政府调研有了足够的参考，出台相关政策和文件的时机也愈发成熟，所以才出现了一段时间内连续推出政策的情形。

多位专家表示，中央针对一个较为细分的涉农领域如此连续地出台扶持意见和政策在过去是较为罕见的，也显示了当前政府对现阶段大力发展农村电商的决心和思路，而新的文件也有可能继续就此着墨，可能会推出更大的动作。

2）移动端会持续发力，去中心化进一步明显

虽然农村网民数量增长快速，但由于我国各地农村经济发展水平不一。农民电脑操作水平有限，信息公路"最后一公里"的问题在农村还是特别突出。随着手机在我国的普及，农村手机数量也有很大的增长。手机的普遍使用和简便的操作优势，为解决农村信息"最后一公里"问题带来信息的契机。

3）农业新媒体营销将继续爆发，会产生一批有影响的农业自媒体、自明星

随着科学技术的发展，以手机、微博、微信、互联网等新媒体推广形式在消费者圈子里流传开来，它突破了传统的农业科技推广方式，摒弃了以往菜场买菜、电话沟通的形式，自媒体的运用，是农业人的福音，未来的农业商机尽在于此。

4) 区域性、协会的力量会在农业"互联网＋"中发挥更大作用

农产品电商是电子商务的皇冠，生鲜农产品电商是皇冠的皇冠。随着经济和社会的发展，生鲜农产品电商的区域化越来越明显，随着区域化电商的发展，也使其越来越有效率。农产品电子商务交易中通过平台建设，进行专业化分工，基地只负责产品生产环节，电商只管发展用户和服务用户，物流外包给专业生鲜物流企业，可以同时解决标准化、产品安全性、冷链物流等三大难题，其业务也越来越区域化。

5) 农业复合型业态将成为新常态和新模式

传统营销模式销售面比较窄，销售成本高，品牌知名度也受到一定局限，农产品虽然好，但是由于分散经营带来的品牌优势并不突出。当前，移动互联时代的到来正深刻改变着农业的生产、销售、服务、资金等产业环境，集农业电子商务、高品质绿色食品原产地直供、体验式旅游等于一体的现代农业产业模式将给农业带来新的发展机遇，产生农村休闲旅游、体验、民宿、产品销售等复合型新业态。

6) 农业众筹、预售将会成为农产品电商重大业态

电商只是单纯利用网络平台进行产品售卖，而农业众筹在产品形成之前就有了完整的创意，包含更多内容和可选产品，为用户提供的是个性化定制服务，是新农业生产革新的有力手段。农业众筹在此之上，更是站在了更高的角度，既帮助了农民解决资金问题，为之提供销售渠道。同时也让那些想吃到健康又安全食品的人得偿所愿。

7) 第三方电商平台的格局进一步稳定

随着一批生鲜农产品电子商务第三方平台的倒闭，2016年，农产品第三方电商平台进一步洗牌，更加体现电商平台"赢家通吃、巨头竞争"的趋势。

8) 农产品电商本地社群逐渐兴起

随着城镇化和农业现代化加速推进，社区电商将扮演重要的角色，农产品的

性价比会很高，比以往传统渠道购买的还要高，生鲜农产品电商更被消费者接受，生鲜电商企业开始盈利，以社区为主力的移动端涉农电子商务占主体，产地直发影响力降低，生鲜电商物流冷链等问题可以得到很好的解决。

9）农产品品牌建设会加速，成为继服装之后，另一个电商品牌崛起的领域

由于农产品整体的品牌缺位，比其他品类具有更大的品牌打造空间，所以，未来品牌农产品电商将有更广阔的市场空间。同时，由于农产品电商的快速增长，物流成本的高企，目前电商产品还主要集中在中高端产品上，而这类产品有着天然的品牌依赖性，没能完成品牌打造的产品，很难在未来的竞争中获得一席之地。

10）农产品电商趋势会进一步深化，趋势加速，销量增加、消费习惯形成

据统计，2016 年起的往后 5 年我国农产品电商交易额占农产品交易额的 5％，涉外农产品电商交易额将占 1％，农产品移动商务交易额将占 2％。我国农产品电商与农资电商、农村再生资源电商将得到发展，农村供销合作社将发挥较大的作用。

（二）农业电子商务的作用及发展前景

作用：农业产业化是指以市场为导向，经济效益为中心，农户为基础，龙头企业或农民自主决策的合作社等中间组织为纽带，通过市场机制将农业等生产过程的产前、产中、产后三个环节联结为一个有机的产业系统，以实现种养加产供销、农工商一体化经营。农户家庭分散经营是农业产业化的基础，农业产业化的实质是市场化，农业产业化的形式是企业化。

电子商务能够缩短生产和消费的距离，既发挥迂回经济的专业化分工的效率，又缩短迂回经济条件下的生产和消费的距离，被称为"直接经济""零距离经济"。电子商务的优点主要表现在降低交易成本、减少库存、缩短生产周期、增加商业机会、减轻对实物基础设施依赖的 24 小时无间隔的商业运作等，因此能够有效地克服农业产业化经营中的不利因素，对我国农业产业化进程具有极大的促进作用。具体表现为以下几个方面。

1. 减少生产的盲目性

农业的市场风险在很大程度上是由农业信息传递速度缓慢、信息准确性差等多种因素引起的生产和经营的盲目性所造成的。农业电子商务能够减少乃至消除农业市场的信息不对称现象，为农户和企业及时地提供全方位的市场信息，有利于企业和农户准确地把握市场需求，使农业的生产行为变得智能、快捷。

2. 降低成本，提高效率

在农业产业化中导入电子商务，企业通过网络发布信息、处理订单、安排生产、分配资源，供应链中的所有组织几乎可以在"第一时间"内从互联网上获得所需信息，减少了中间商环节，缩短了小农户与大市场之间的距离，与传统的营销手段相比，成本降低、环节减少，交易速度加快，从而节省费用，提高了工作效率和经济效益。同时，电子商务疏通了信息的传输，既提高了信息传输的速度，又拓宽了信息的传输范围，便于买卖双方联系，降低了买卖双方的搜寻费用。

3. 打破区域和时间的限制

农业电子商务打破了传统交易中信息传递与交流的时空限制，依赖互联网的交易网络，使农业企业冲破条块分割的市场格局，摆脱区域性市场的限制，进入跨地区乃至跨国的网络销售，有利于形成统一有序的大市场，使交易双方的选择性扩展到最大。

4. 实现农产品流通的规模化

在农业电子商务中采用网络交易平台，能够将少量的、单独的农产品交易规模化、组织化。农民可能并不是以单个农户或合作社出现，而是将农产品委托给配送中心由其统一组织销售，交易的一方是农民群体，另一方是企业，双方的地位平等，各自的利益都能够得到充分保证。配送中心对农产品进行统一的质检、分级，采取明码标价，保证了流通规模化过程中农产品的质量。

5. 方便对农民的教育与培训

农业电子商务将使对农民的教育和培训变得更为快捷、方便，更具有针对性，能够让农户了解最新农业生产技术和社会发展动态，不断提高农民的科技文化素质，有利于促进农业新技术在农村的迅速传播，有利于农业产业化不断推向深处。

前景：我国农民约占全国人口的 2/3，长期以来，农产品流通主要是通过农贸市场来进行交易，远远不能满足农民的需求与供应。随着科技与互联网的不断发展，电脑在人们生活中越来越普及，网络同样也渗透到各行各业，不少农民通过互联网查找农产品信息，进行网上贸易。这种方式与传统交易形式相比，可以不受时间和地域的限制，其信息传播速度快，内容及时、丰富、图文声像并茂，并有良好的交互性，逐渐被农民朋友所认可。

如今，互联网上农业信息四通八达，应有尽有，三分钟开设一个网上商店对于农民朋友来说也已不再是梦想；网上在线文字、语音、视频谈生意也已成为现实。新一代的农产品网上贸易市场的形成，很大程度上满足了农产品的流通。

互联网进入中国已有 20 多年，今天，农业电子商务仍然是互联网界最敏感的话题。农业行业的电子商务也在随着农民对其认知度的提高，而逐步的发展。电子商务的春天已经到来，赶快加入农业行业的电子商务已走进农民的生活中，即时通信、网上支付、虚拟社区农盟通、支付宝、农贸通、供应链管理系统这些以前农民听似神话的现代高科技，都已将不再是神话与梦想。随着农民经济和文化水平的提高，逐渐以简单直观的方式深入到广大农民中去，足不出户进行农产品贸易流通，将在十指弹动一瞬间！

二、互联网＋时代下的电子商务模式

（一）构成农产品电子商务模式的因素

1. 地域环境因素

此类因素主要考虑物流与消费习惯，对于同一产品同一经营主体，在国内和国外、沿海和中西部不同地区市场的物流网络、消费习惯、消费观念和消费水平都存在差异，经营主体必须因地制宜选择适合自己的电子商务模式。

2. 平台与产品因素

此类因素主要考虑电商的规模、专业化程度、信誉和产品的成本与消费者体验，对于同一类型的产品，在淘宝和京东等平台的受众规模、平台信誉、平台转化率、支付方式等因素存在差异。因此，不同的平台的运作方式、服务水平存在差异，对经营主体的业务运作和科学决策都会产生影响。

3. 规模化集约化程度

此类因素主要考虑农产品经营者的成本、效率与可管理性。农产品规模化种植、集约化运营，不仅可以提高运营效率，而且可以降低边际成本，获得更多溢出收益。农产品电商运作模式的选择必须考虑上游产品供应是否规模化和自身运营的集约化程度来定夺。

4. 资本与风险因素

大部分农产品种植户都想通过电子商务将自己的农产品外销异地，以减少压货风险，并及时回收尽可能多的利润，但由于种植户资金有限，不可能全部具备大型企业全平台混合运作的实力，也没有能力承担相应的风险。

电商平台的背后是技术和营销管理，需要相应的资本投入才能引入相应的技术和团队支持电商平台的运作。

（二）传统农产品电子商务模式

主要包括 B2B（Business To Business，商家对商家进行交易）、B2C（Business to Consumer，商家对个人进行交易）、C2C（Consumer to Consumer，个人对个人进行交易）、B2G（Business-to-Government，企业对政府进行交易）、O2O（Online to Offline，线上对线下进行交易）等等。

1. B2B 模式

B2B 模式是指由企业到企业的电子商务模式，由第三方独立搭建，网站经营者一般不参与交易，只是对整个过程进行监督，已经成为我国农产品电子商务的主流发展模式，主要代表有阿里巴巴、一亩田、惠农网、链农等。

B2B 模式的优势：对买家而言，节省采购时间，减少物流成本，提高整个环节的生产效率，通过评判商品，降低买家购买商品的风险性；对卖家而言，减少了"争执"和交易成本，卖家为获得更好的信用评价，会确保商品质量并提升自身服务。

案例一：阿里巴巴

2012 年，阿里巴巴将 B2B 公司一分为二，两个公司都保留农业的经营内容，分别管理国内的批发和国外的信息咨询；淘宝网食品类重新组建了特色中国项目，希望用土特产撬动用户对于农产品的蓬勃需求。

为了探索农产品电子商务的绿色生态模式，淘宝网专门成立了新农业发展部，推出生态农业频道。

2．B2C 模式

B2C 模式是指企业对消费者的电子商务模式，以网络零售业为主，交易效率高，已经成为主要的网络交易模式，主要包括商城类、综合类、垂直类等三种类型。

商城类 B2C 的主要代表有天猫超市和京东超市，采用分站式为据点配送货物，缩短了收货时间。

综合类 B2C 的主要代表有 1 号店，通过规模化的采购，从而降低商品单价和销售成本，其核心竞争力在于效率。

垂直类 B2C 的主要代表有中粮我买网，专业性较强，适合目的性较强的消费者。

案例二：京东超市

布局生鲜，选择在消费者之中有一定的知名度，并且农产品质量值得信赖的生产企业；建立冷链物流，保证质量，整合生鲜基地，建立直供网络，为农产品"进城"带来了新的生机；自建极速物流，京东拥有全国电商行业中最大的仓储设施，陆续推出"1 小时达""定时达""15 分钟极速达""上门体验"等服务。

3. C2C 模式

C2C 模式：是指个人与个人间进行交易的电子商务平台模式，买卖双方依托第三方平台，进行商务交易，第三方平台不参与交易活动，只负责监管。C2C 平台的典型代表是淘宝网。

C2C 模式为普通大众销售自身产品提供了良好的平台，拓展了销售渠道，更容易获得市场信息，节省成本等，是个体农产品商"走出去"的重要平台模式。

案例三：淘宝网

淘宝网占据中国 C2C 领域市场份额的 60％ 以上，其行业地位暂时无人可撼动，并且不断地创造着销售奇迹，也为更多创业者提供了便利平台。

免费开店优势吸引了数百万计的卖家，对于个体经营的农户来说，淘宝开网店是成本最低、最为划算的市场开拓方式。

4. O2O 模式

O2O 模式是指将线下经营与线上经营有效整合的一种网络销售模式，消费者通过网站平台下单，在实体商店消费或者提取商品，并且在网络平台消费的顾客会有一定的折扣。O2O 平台的典型代表是顺丰优选。

O2O 模式目前在生鲜领域运用比较广泛，生鲜作为日常快消品，消费者对生鲜的现实体验要求非常看重；O2O 有效地实现了线上线下的融合，拥有大量的客户群体，如工作繁忙生活节奏快的都市一族；O2O 也逐渐应用在专业类的电子商务平台，如河北清河的百绒汇，专门从事羊绒产品的线上和线下销售。

案例四：顺丰优选

顺丰优选于 2015 年 5 月底成立，主要经营全球优质美食，依托顺丰完善快速的物流体系，成熟的物流保鲜技术，迅速发展成为国内重要的生鲜电商。

2014 年 5 月，顺丰成立嘿客便利店，逐步打造成社区综合类服务平台，成为顺丰优选线下体验店，降低运输成本，加快运输时间。

5. G2C 模式

G2C 模式是指政府与个人间进行交易的电子商务平台模式，政府建立农产品电子商务平台，整合农产品生产企业、加工企业、农产品经销公司信息等各种资源，并实现信息流动的 G2C 模式，通过政府为企业经营买单，从而降低企业搜寻信息的交易成本。G2C 平台的典型代表是农业部的一站通商机服务。

案例五：一站通商机服务

由国家农业部主办的为广大农民提供的一站式服务平台，旨在帮助农业生产经营者沟通产销信息，促进农产品流通，为广大农产品供应商和采购商提供一个及时方便的网上交易服务平台。

一站通商机服务网目前设置有网上交易、供求信息、摊位、预供求、网上展厅、农交会等频道和栏目，旨在让新时代的农民运用这一平台来实现自己网上销售农产品的愿望。

（三）新型农产品电子商务模式

社交电商：基于人际关系网络，借助社交媒介（微博、微信等）传播途径，以通过社交互动、用户自生内容等手段来辅助商品的购买，同时将关注、分享、互动等社交化的元素应用于交易过程之中，以信任为核心的社交型交易模式，是新型电子商务重要表现形式之一。

社交电商推荐信息内容化、流量场景碎片化、推广渠道媒体化、用户管理大数据化，在渠道深度、品类广度和流通速度上相比传统电商都具有独特优势。

社交电商依赖于社交关系的发展，以体验、测评类优质内容进行传播，能准确激活用户社交行为，有效提升了消费者对线上购物路径的信任度，为农产品社交电商迎来发力时机。

社交电商渠道下沉，更加聚焦低线城市及农村市场；在商品方面，小众差异化的农产品更容易脱颖而出，因为社交关系下人群根据偏好自然聚类，利于小众偏好扩散；同时，用户对优质农产品和跨境商品的需求在持续增长。

社交电商也包含 B2C 模式和 C2C 模式。社交电商 B2C 模式由农产品供应者（包括厂商、供货商、品牌商）提供一个社交平台上搭建的统一商城直接面向消费者，负责农产品的管理、发货与售后服务。

社交电商 C2C 模式由个体经营者实现农产品在社交平台的分享、熟人推荐与展示等，可以去除产品与消费者之间的隔阂，开启一个人人电商的时代，更加有利于农民创业致富。个体经营者分享农产品链接到朋友圈、微博、QQ空间等社会化媒体上，通过熟人关系链实现口碑传播，一旦有人通过该链接进行交易，就能获得佣金，且佣金无须人力结算，社交平台自动进行分账。

社交电商的优势主要包括以下两个方面：

（1）社交电商最大的好处在于沉淀用户，实现分散的线上线下流量完全聚合。社交应用的核心功能是社交而非营销工具，这就决定了社交电商比传统电商更能精准找到用户群和互联大数据，从而大幅提升企业服务和订单量。

（2）社交电商是去中心化的电商形态，将多种渠道所接触的客户汇聚起来，形成一个属于经营者自己的大数据库，建立与用户直接沟通的渠道，直接消除了一切中间障碍，了解用户真实需求，从而实现个性推荐、精准营销。

案例六：云集微店

成立于2015年，是一家社交电商零售平台，商品品类包括食品生鲜、美妆护肤、家居用品、数码产品等。云集微店App日活用户峰值近60万，每天启动应用6~14次，人均单日使用30分钟左右。

（四）农产品电子商务模式融合

单一模式优点和缺点并存，并没有一种完美的单一模式，现阶段的电商企业均采用了多种模式交叉融合的方式。

多个单一农产品电商模式的结合需要考虑传统农产品交易方式、农产品特点，以及农产品电商的各个单一模式的优势和劣势，形成有效弥补互相之间短板的融合方式，从而丰富农产品电子商务运营模式的发展，这种复合模式必将成为今后农产品电子商务的发展趋势。

B2B＋B2C模式：B2B＋B2C的农产品电子商务模式不仅能够满足规模化企业买家的需求、提供综合的解决方案，而且也能够为小客户提供发货、配送等服务，B2B和B2C模式均能共享一个供应链，可重塑垂直农产品电商模式，更有利于农产品的销售。B2C和C2C模式均为典型的零售电商，面向规模较小的客户，具有极强的融合基础，目前B2C＋C2C模式已经被广泛应用，代表性电商平台如淘宝、京东。京东的自营B2C＋平台B2C＋C2C以及淘宝电器城的"厂商旗舰店（B2C）＋厂商授权店（C2C）"均已经形成完整电商生态系统。

B2C＋O2O 模式：B2C 和 O2O 是两种模式在发展到一定程度对各自缺点的一种互补，电商平台与消费者的交易与线上线下交易与体验的一种结合，使得整个网上交易变得更加真实、快捷、方便。

顺丰优选是这一模式的典型代表，依托顺丰完善、快速的物流体系，成熟的物流保鲜技术，迅速发展成为国内重要的生鲜电商——嘿客便利店，逐步打造成社区综合类服务平台，成为顺丰优选线下体验店，降低运输成本，加快运输时间。

社交电商＋B2C/C2C/O2O 模式：社交电商具有去中心化、沉淀用户、增加用户黏度、聚合线上线下流量的作用，精准找到用户群并获取用户互联数据，与B2C、C2C 和 O2O 具有天然的融合基础。

社交电商可以借助 B2C、C2C，能够快速建立一套完善的交易、分销客户关系管理的经营体系，将大幅提升服务质量和订单量，这是传统模式无法比拟的。

社交电商与 O2O 的结合，能够更加有效地将线上线下融为一体，社交圈能够直接产生分享和评论，信息到达及口碑传播的渠道更短，将使交易流程最小化。

（五）政策试点，农业电商八大模式

2015 年 9 月，农业部、国家发改委、商务部就联合印发了《推进农业电子商务发展行动计划》，明确了 5 方面重点任务和 20 项行动计划。2016 年 1 月 19 日发布的《农业电子商务试点方案》是对计划的落实，更具操作意义。

1. 鲜活农产品电子商务试点

模式一："基地＋城市社区"直配模式。

试点地区：北京、河北、吉林、湖南、广东、重庆。

方向：建立农产品生产基地的智能管理服务平台，提供农产品种植计划、农产品实时产量、采后库存等信息。建立鲜活农产品产销网络对接平台，采集生鲜采购商（生鲜电商、商超、社区店、餐饮、大客户等）的采购信息，并与生产基地进行对接，制订鲜活农产品销售计划。设立农产品体验店、自提点和提货柜，加强与传统鲜活农产品零售渠道的合作，开展农场会员宅配、农产品众筹、社区支持农业等模式探索，建立农产品社区直供系统等。

模式二："批发市场＋宅配"模式。

试点地区：北京、广东。

方向：推动电商企业与农产品批发市场合作，充分发挥农产品批发市场集货、仓储优势，依托社区便利店、水果店设立自提点，建立城市鲜活农产品配送物流体系，探索鲜活农产品直配到户的"批发市场＋宅配"电商零售模式。

模式三：鲜活农产品电商标准体系。

试点地区：河北、重庆。

方向：支持电子商务企业制定适合电子商务的农产品分等分级、产品包装、物流配送、业务规范等标准，组织快递企业制定适应农业电子商务产品寄递需求的定制化包装、专业服务等标准，研究制定农业电子商务技术标准和业务规范。

模式四：鲜活农产品质量安全追溯及监管体系。

试点地区：吉林、重庆、宁夏。

建立健全"名特优新""三品一标""一村一品"等电子商务基础数据库，探索与电商企业建立数据共享机制；建立健全适应电子商务需求的农产品质量安全追溯管理信息系统，完善农产品质量标准和质量安全追溯体系。

2. 农业生产资料电子商务试点

模式五：农资网上销售平台。

试点地区：吉林、黑龙江、江苏、湖南。

方向：充分利用信息进村入户平台、大型农业、农资电商平台、供销社等已有渠道，线上线下相结合，开展农资网上销售，探索实现部分县域的农资电商配送全覆盖。现阶段以化肥为重点，逐步扩展到种子、农药、兽药、农机具等主要农资品种。鼓励电商企业加大宣传和培训力度，积极引导农民逐渐形成网购农资习惯。

模式六：农资电商服务体系。

试点地区：吉林、黑龙江、江苏、湖南。

方向：推动农资生产、经销企业与电商平台企业加强合作，依托国家农业数据中心、12316三农综合信息服务平台和农技推广服务体系，提供测土配方施肥、农资市场价格、农资使用指导、农事咨询、气象信息等专业服务。支持电商平台企业建立大数据分析系统，掌握分析农民用肥、施肥数据及测土配方、病虫害等数据，由单一的农资销售平台向产前、产中、产后全链条农资服务商转变，试点农资精准服务。加强与银行、保险公司等金融服务企业合作，提供农资贷款、农业生产保险等相关金融服务。

模式七：农资电商监管体系。

试点地区：吉林、黑龙江重点建立化肥电商监管体系，吉林、湖南重点建立种子电商监管体系，江苏重点建立农药、兽药电商监管体系。

方向：建立健全适应电子商务需求的农业生产资料质量安全追溯管理信息系统和网上投诉处理平台，推动种植、畜牧、水产，以及种子、化肥、农药、农机等行业监管信息共享和互联互通，加强农资电商监管，推行信用档案制度，确保网上销售的农资可信、可用、可管。

3. 休闲农业电子商务试点

模式八：休闲农业电商平台。

试点地区：北京、海南。

方向：推动城市郊区休闲农业资源建设、开发，整合休闲农业资源，以标准化接待规范、信用评价体系、地理信息系统和移动定位技术为支撑，以采摘、餐饮、住宿、主题活动、民俗产品购销等为主要服务内容，建立统一的休闲农业线上推介、销售、服务平台和质量监督体系，实现乡村旅游线上直销，推动形成线上线下融合、城乡互动发展的休闲农业产业链。

三、互联网＋农产品溯源电商模式

（一）发展目标

以产品追溯为依托与物联网、互联网技术相结合，开拓企业信息渠道与产品销售渠道，帮助企业及时调整产品结构，解决信息流通不畅的核心问题。同时，通过现代电子商务理念帮助企业转换经营机制，建立健全先进企业管理制度，有效提升企业管理水平和市场竞争力。

（1）全面感知：对农产品从种植、深加工、物流、流通到电子商务全过程全面搜集数据。

（2）责任到点：让农产品全产业链的所有环节的责任人能够一一对应，极大提高企业的产业链管控能力。

（3）安全预警：对农产品追溯信息进行整理、分析、评估、预警，降低企业运营风险。

（4）公众反馈：消费者可以方便地查询农产品的溯源信息，并可以利用多渠道反馈产品信息，增进系统内外信息互通、经验交流。

（5）渠道拓展：实现网上产品订单、供求联系等，进行网上产品销售，实现安全快捷的网上产品的查询、订购，提供便利的产品及相关资料共享等网上服务，有效拓展产品销售渠道。

（6）品牌建设：利用电商平台以及公众溯源服务平台帮助企业建立有效的企业形象宣传、企业风采展示、公司产品宣传。

（二）服务内容

1. 农产品电子追溯系统

以农产品的可追溯标识为主线，利用物联网技术把农产品生产、流通和消费环节中的种植、深加工、流通、物流等各个环节贯穿起来，全程记录并跟踪农产品主要业务和经营数据的一套信息系统。

2. 电子商务平台

实现"信息发布、购销对接、咨询互动"三大基础功能，包含商品资讯、购销信息、采购大厅、价格行情、区域商品、咨询互动、合作招商等专业信息，将通过发布海量数据、建立行业专题平台、手机无线应用、网上网下数据对接等功能与服务，共享资源、汇聚社会力量，为流通环节的商家和消费者提供全方位数据信息，使信息服务更加贴近人民群众的生产和生活，为商品生产、流通、推广等各环节提供一站式线上服务。

3. 公众溯源服务平台

向公众提供可追溯产品的查询服务，即可追溯商品的公共追溯查询入口，消费者可以多种形式（WEB 或 APP）访问"公众溯源服务平台"查询产品的追溯信息（见图 2-34）。查询结果呈现方式方便、快捷和实时，同时提供可视化查询界面效果。公众消费者查询系统主要功能包括商品信息查询、追溯报告查询、追溯地图查询、意见反馈、预警信息等内容。

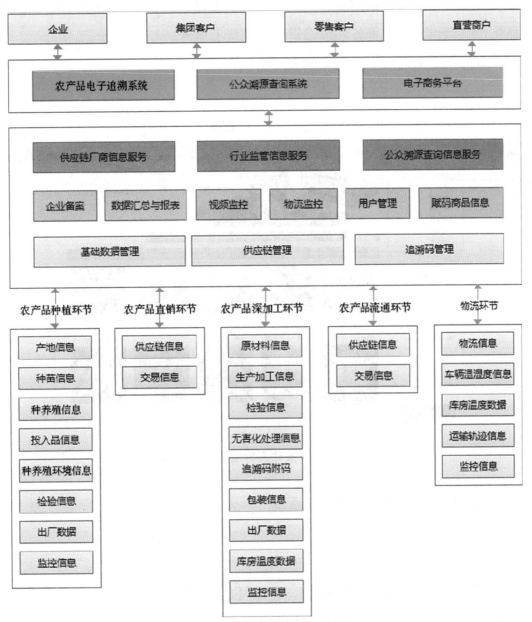

图 2-34 公众溯源服务平台

（三）源直达溯源电商案例

源直达可溯源电商，实现"信息发布、购销对接、咨询互动"三大基础功能，包含商品资讯、购销信息、采购大厅、价格行情、区域商品、咨询互动、合作招商等专业信息，将通过发布海量数据、建立行业专题平台、手机无线应用、网上网下数据对接等功能与服务，共享资源、汇聚社会力量，为流通环节的商家和消费者提供全方位数据信息，使信息服务更加贴近人民群众的生产和生活，为商品生产、流通、推广等各环节提供一站式线上服务。

源直达溯源电商网络如图 2-35 所示。

图 2-35　源直达溯源电商网络界面

1. 农产品电子追溯（溯源）系统

1）农产品种养殖环节

利用物联网技术对农产品种植、养殖环境、过程、投入品、成品收获及库存情况的信息监控，以全面掌控种植源头；系统将利用云平台强大的计算能力，对源头信息数据进行汇总、整理、分析，用户可利用 WEB 及移动设备实时查看种植区域环境信息，做到源头信息全面掌握。同时，也支持综合利用环境信息采集系统、视频监控系统、环境调节系统、温室管理系统以及信息展现系统等，将其建成生产与效果展示并存，盈利与互动体验并重的具有示范意义的温室。

2）农产品直销环节

利用追溯台秤、PDA、传感器等物联网技术搜集流通领域直销农产品流向、销量、物流等信息，真正实现散装农产品的追溯。

3）农产品深加工环节

依靠农产品深加工各环节中的智能信息节点，应用电子标签技术、无线传感技术、GPS 定位技术、互联网技术与云计算技术，利用物联网技术将各节点有机地结合在一起，通过无线网络、3G 网络、有线宽带网络与云端数据中心相连接，对原材料进场、生产、加工、检测、仓储、包装、物流及卫生等各个环节的数据进行搜集，监控和追溯。同时以对农产品个体信息管理为基础，实现生产企业内部 ERP 和 CRM 等管理功能。

4）农产品流通环节

流通环节企业进行农产品的进货及销售时，系统将对商品流通信息进行有效管控，如商品追溯码、商品名称、商品类别、交易价格、交易数量、客户名称、供应商名称等。通过对农产品流通体系的信息管理，可为电子商务提供物流配送和电子结算支付等管理手段，以追溯系统的建设为基础，将为企业参与大流通、大循环创造基础条件。

5）物流环节

通过远程实时获取仓储物流如冷库、货运仓库、冷藏车的环境因子数据，结合云平台海量数据支撑，指导用户进行正确的货物仓储、物流配送的环境及运输轨迹管控。

6）追溯码管理

追溯码管理的核心功能是基于国际 UNSPSC 编码规则的散装商品（无条码商品）一物一码编码规则，应用可追溯商品条码管理系统将公司与客户、供货商间的产品和服务信息交流，更为准确和更具效率。该子系统将在商品备案时自动生成一个特定的编码，使得公司可以追踪到供应链中供求的各个活动环节。

在全球性的电子商贸环境下，采用一个行之有效且符合未来有效拓展的编码系统，对于进行跨省跨地区商务活动的公司来说尤为重要，相比较而言，传统的产品购销信息链条永远无法满足电子商贸对产品详尽数据的要求。

2. 电子商务平台

1）企业门户网站

利用互联网，建立企业在行业中的品牌形象，在网上发布企业动态、行业信息，用户可以通过互联网检索企业产品和浏览信息。这部分具有如下的应用功能：

（1）介绍性图文信息；

（2）信息发布功能；

（3）信息采集；

（4）信息处理；

（5）企业架构信息；

（6）完整的后台系统管理。

2）客户服务

实现在线的交流功能，增加与客户沟通渠道，使网站成为企业为客户服务的一个便捷的窗口。人们可以通过网络完成各种产品咨询、反馈与投诉、技术支持、下载服务等功能。将实现如下主要功能：

（1）企业动态信息、新闻采编发布系统；

（2）网上咨询反馈及投诉系统；

（3）网上调查系统；

（4）网上综合信息查询系统；

（5）相关下载服务系统；

（6）会员系统；

（7）综合后台管理系统。

3）电子商务应用

电子商务的最终目标是实现网上交易、面向企业决策支撑等方面的网上交易平台。组建一个具有安全性、可靠性、通用性和完整性的功能强大、多应用的网上交易系统，主要实现以下扩展应用功能：

（1）产品发布展示系统；

（2）在线购物车及下订单系统；

（3）订单处理系统；

（4）客户订单查询系统；

（5）与企业可追溯系统信息交换。

3. 品牌溯源及推广系统

公众通过扫描电商平台页面上或销售小票上所印制的二维码，也可直接点击电子商务平台对应商品的追溯链接，页面将自动跳转到公众溯源服务平台，系统将通过追溯编码在数据中心进行相应的数据抽取并将产品追溯链条信息展示在追溯查询功能页面中（见图 2-36）。公众溯源服务平台将具有多元化查询手段：

（1）互联网门户（WEB）；

（2）专用查询机（WEB）；

（3）短消息服务（SMS）；

（4）手机扫描追溯码访问（WAP）；

（5）电话语音（IVR）。

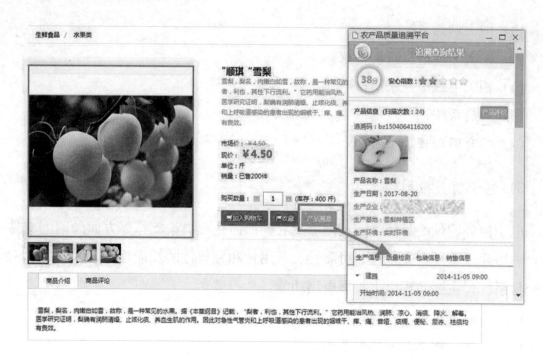

图 2-36　源直达商城溯源查询

四、电商运营技巧

作为一个优秀的电商平台运营必须具备基本的运营能力。

（一）定位市场的能力

定位市场是从产品角度来说的。一个运营对于选品要有自己的见解，不能人云亦云，更不能盲目相信数据。这时肯定有人会反驳我，他们会说在淘宝做生意，不看数据，那我们看什么？我没有否认数据的重要性，我只是说大家有的时候不要太迷信数据，因为数据不一定都是真实的。比如，按照市场数据来说，手机壳的市场要绝对大于键盘膜，但如果你一头扎进手机壳这个行业里，你会发现事实不是自己想得那么简单。淘宝和线下生意的最大区别在于客户遍布全中国，所以，再小的行业在淘宝也会有很大的市场需求。关键看我们如何定位和包装自己的产品了。

（二）查看数据的能力

查看数据包括的范围很广，包括主图数据、详情数据、产品数据、客户数据、市场数据、推广数据、seo 数据等。而对于运营来说，对于这些数据不仅要明确其确切含义，更要明确这些数据的应用意义。因为，店铺是个整体，任何一部分数据出问题都会反映出一些问题。而运营要做的就是，汇总观察数据，并根据数据得出结论，为下一步的优化解决方案提供支持。比如，店铺流量上升和下滑，如果我们不去分析原因，那以后就不能避免再犯类似的错误，更不能提升我们的运营能力。

（三）诊断店铺的能力

诊断店铺的范围也比较广，包括访客走势、产品销量、营销策略、推广效果、活动绩效等。不仅需要我们具备数据分析能力，更重要的是要有明确的思路，我们要学会从一些蛛丝马迹中洞悉店铺问题。比如发现店铺的某一项动态评分无故降低，你会简单地认为仅仅是这一项出了问题吗？你要知道，买家评分是很盲目的，如果他的心情不爽，往往不会仅仅对你某一项评分给出低分的。所以，我们要做的就是让买家只要买我们的东西就很爽，至于怎么爽，这就是你应该认真思考的问题了。

（四）布局产品的能力

产品是定期上新还是一次性布局好？产品是全店推广还是重点打造？产品是各自为战还是合纵联合？产品定价是越低越好还是走高端路线？这些都是运营需要认真思考的问题。定期上新需要有很好的供应链，一次性布局产品是小卖家的做法，当然后续选款并重点打造才是真正的考验。一旦有了爆款倾向，就要集中店铺所有资源来进行推广（当然，不是每个宝贝都适合走爆款路线，爆款有风险），一旦爆款成型，就要考虑是不是可以做关联搭配来带动其他产品，只有这样店铺才能持续增长。至于定价，要先从人群定位开始。永远要记住，再贵的东西也有人觉得便宜，再便宜的东西有人也觉得贵，而且会很挑剔。

（五）全局把控的能力

运营不仅是执行者，很多时候其实是一个协调者，需要有很多方面的能力。

比如美工没有运营思路，而运营需要做的是把想法或方案准确表达给美工，而不是直接让美工来作图或做详情，反过来再以各种挑剔或不满来进行指责；再比如，由于营销策略的改变，美工换了主图，而客服没有及时修改应对策略，很容易造成团队矛盾。这时候，运营就是一个全局把控的舵手，需要协调各部门的职能，尽量做到零差错。

（六）营销推广的能力

营销推广不仅仅是推广的能力，合格的运营虽然不必精通具体操作方法，但对于思路和原理还是要懂的，并且要把中心放在店铺整体的运营走向。比如，运营可以不会开直通车，但必须懂得直通车的基本原理和推广模式。只有这样才能指导美工和推广部门进行更高效的协作。

（七）人群定位的能力

客户人群定位在如今的电商行业非常重要，做产品之前如果没有定位好你的人群或者根本就没有这个概念，只是一味地上产品、做推广、找流量，那后果必然是做得越多，死得越快。试想，同是连衣裙，为什么有的可以卖几十，有的却可以卖到上千元。其实还是那个话题，你要始终明白，你现在面对的是全中国的卖家。人群体量大了，对应的人群分级也就多了起来。而且如今的个性化时代，如果店铺或产品人群定位不准确，那意味着以后淘宝所给的流量也将不会精准，那转化率必然会非常差。

（八）卖点挖掘的能力

卖点挖掘其实也是建立在人群定位上的，只有定位好了人群，才能准确挖掘卖点并合理表达给精准消费人群。举个例子，比如我想做女士沐浴露，并且发现一个与我的宝贝非常相关的优质关键词叫"沐浴露持久留香美白"，那你说我下一步该怎样设计我的主图和详情？我必然会在我的主图和详情中用到留香及美白这两个核心卖点，并可以用使用前后对比的形式很直观地表现出来。当然，运营没必要会设计，但是挖掘卖点并指导给美工的工作必须是要做的。

（九）营销策略的能力

营销策略是店铺成长的动力。比如上新优惠、节日打折、清仓处理、活动促销、满减包邮、包裹营销等，都是运营人员熟练掌握的技能。所有这些策略的制定者及把控者肯定是运营，并且需要做好营销计划实时之后的效果评估汇总，以备后续营销策略的策划开展。

（十）数据汇总的能力

运营的初级阶段一定是数据，数据是反映店铺的直接指标，要想从中看出问题，看出端倪，必须学会汇总分析数据的能力。汇总数据除了直接看生意参谋及其他工具的报表之外，自己制作表格并定期汇总也是非常必要的。比如：淘客资源汇总表、全店运营数据汇总表、店铺活动销售成果汇报表等。这些需要自己在开店的过程中一步步积累，并形成自己的风格和技巧。

五、部分涉农电商典型案例

如今网络电商在农村遍地开花，不仅让扎根在土地间的农民得到了先进科技带来的便利和实惠，还拓宽了农民的致富路。部分涉农电商平台成功取得了阶段性的模式探索。

（一）浙江遂昌——电商生态重构＋农村电商的先锋

2014年赶街项目启动，全面激活农村电商。遂昌模式形成以农特产品为特色、多品类协同发展、城乡互动的县域电子商务，即以本地化电子商务综合服务商作为驱动，带动县域电子商务生态发展，促进地方传统产业特别是农产品加工业，"电子商务综合服务商＋网商＋传统产业"相互作用，打通信息化在农村的最后一公里，让农村人享受和城市一样的网购便利与品质生活，让城市人吃上农村放心的农产品，实现城乡一体，形成信息时代的县域经济发展道路。

（二）农村淘宝——千县万村计划

农村淘宝系阿里巴巴千县万村计划的产物，其模式的核心是把淘宝平台注入农村市场，阿里巴巴专门成立农村淘宝事业部，在全国范围内与地方政府合作招聘农村淘宝合伙人，并进行相关培训。农村淘宝与地方政府合作，在县域层面建立公共服务中心，政府提供宣传、财务、场地、培训等方面的支持，公共服务中心配备阿里县域"小二"，负责区域内农村淘宝的管理、业务拓展以及村淘合伙人的考核；在村一级层面建立农村淘宝服务站点，主要职能是网上交易的代卖代购和快递的代收代发。此外，村淘合伙人也负责当地农特产品的网上销售。

（三）京东农村电商模式

京东农村电子商务模式可以概括为"双线发展，渠道下沉"。所谓"双线发展"指的是京东县级服务中心和京东帮服务站同时推进：京东县级服务中心系原有的京东配送站改建升级而来，以京东自营为主，负责京东平台上除大家电以外的商品的营销、配送和展示等业务，同时招募和培训京东乡村推广员，开拓农村市场；京东帮服务站则采用加盟合作的方式运作，负责京东平台上大家电的配送、安装、维修和营销。"渠道下沉"是针对京东家电下乡而来，利用县级服务中心和京东帮服务站打通 4～6 级市场，借助自营电商的正品行货优势，进军农村消费市场。

（四）云农场模式

2014 年，云农场建立农资电商垂直交易平台，打造"互联网＋农资流通"新模式。云农场以村站和测土配肥站为基础进入农村、服务农民、发展农业；建立以村站模式为基础的标准化电商服务体系；测土配肥满足农户定制化需求的农资供给模式，进一步降低农民农资采购成本，改善农村的土壤环境。云农场整合农业上下游资源，建立了丰收汇、测土配肥、云农宝等，为农场主提供农产品定制与交易、农技咨询、农业金融等综合服务，利用"互联网＋"串起农业现代化的链条，将信息、农技、金融、物流等先进生产要素渗透到农业各环节。

（五）邮政模式

中国邮政作为国家重要的公共基础设施，历经百年，一直扎根农村，充分利用实体网络站点，积极开展服务"三农"系列工作，为农民配送农资农具，提供农村缴费、金融等便民服务，得到了百姓称赞和政府认可。2014年，中国邮政开始大力发展农村电子商务，深入对接商务部"万村千乡"计划。自开展农村电子商务业务以来，中国邮政已摸索出一套独特的农村电子商务运营模式，即线上基于邮乐网和邮掌柜系统，线下依托邮政农村窗口资源、农村邮乐店等实体渠道，打造一个集"网络代购＋平台批销＋农产品返城＋公共服务＋普惠金融"于一体的邮政农村电子商务服务体系，为农村用户提供购物不出村、销售不出村、生活不出村、金融不出村、创业不出村的"五不出村"服务。

（六）农商1号电商模式

2015年7月16日，由中国农业产业发展基金和现代种业发展基金有限公司，联合东方资产管理有限公司、北京京粮鑫牛润瀛股权投资基金、江苏谷丰农业投资基金及金正大集团筹建的农商1号正式上线，一期投资高达20亿元，是国内目前投资最大的农资电商平台。农商1号线下体系由区域中心—县级运营中心—村级服务站组成。区域中心负责运营、仓储、管理等，县级运营中心负责配送和农技服务等，村级服务站是农民与电商之间的纽带，还提供代购、信息咨询等便民服务。农商1号联手邮政、京东，整合物流和渠道资源，打造高效的配送体系，计划用3—5年，建成1000家县级运营中心，发展10万个村级服务站，覆盖1000万名农民会员。

第八节　益农信息社六大业务，助力农村服务新体系发展

一、开展益农信息社服务，推动形成"五新"格局

以推广应用大数据、云计算、物联网、移动互联网等为重点，推进"互联网＋"新技术发展。益农信息社要给农民提供急需的科技与信息现代农业发展的方向，益农信息员通过河南省信息进村入户综合服务平台为农民朋友牵线各类农业专家，帮助农民引进并推广各种新品种、新产品、新技术。另外，益农信息员可以把掌握的科技、市场行情，种植、养殖、加工及劳动力需求等各种信息提供给农民。

以培育有文化、懂技术、会经营的新型职业农民为重点，依托智能手机为农民提供涉及政策、市场、科技、法律、保险、医疗等生产生活信息的 APP、微信公众号等移动应用服务，推进"互联网＋"新农民发展。益农信息社通过开展农民培训，提高农民的现代信息技术应用水平，解决农业生产的产前、产中、产后问题和日常健康生活问题等，推进村务、商务、服务"三务一体"的村级综合服务。

以探索农场直供、消费者定制、订单农业、线上线下、生鲜配送等农产品销售新模式为重点，提升农业生产、经营、管理、服务水平，推进"互联网＋"新模式发展。益农信息社要帮助农民销售农产品，由于一些地区农产品数量大、种类多，如果流通不畅，则势必造成"生产容易销售难"的状况，结果是丰产不丰收，农民一年的辛苦劳动终将成为泡影。有了益农信息社，就可以为农产品找到"婆家"，可以"铺路架桥""穿针引线"，推动农产品在市场上通畅的流通。

以发展农业电子商务、都市生态农业、休闲农业、创意农业为重点，推进"互联网＋"新业态发展。益农信息社要依托政府，利用当地农业资源环境、农田景观、乡村人文景观、农业产品、民风民俗、农家生活等，引导农民开展休闲农业和乡村旅游，提高当地农民收入，改善农村环境，提高生活质量。通过电子商务平台、微博、微信等媒体，进行宣传、销售为一体的特色服务。

以建设美丽乡村和特色小镇为重点，推进"互联网＋"新农村发展。益农信息社要利用河南省信息进村入户综合服务平台、公众号、微信群、益农信息社APP、现场培训，线上线下结合的方式，组织村民学习法律法规、文化科技、礼仪修养等知识，养成文明的生活方式。把提升农民素质、民风民貌、激发内在生动力作为重要任务来抓，树立村民典范，弘扬中华民族的传统美德，传递社会正能量，增加了美丽乡村文明建设的"内涵"。

二、益农信息社六大业务

（一）互联网＋"代购服务"

买：村级信息服务站依托授权的"电商平台"为本地村民、种养大户等主体代购农业生产资料和生活用品等物资，如种子、农药、化肥、农机、农具、家电、衣物等。

（二）互联网＋"代销服务"

卖：培训和帮助村民或种养大户等主体在电商务平台上销售当地的大宗农产品、土特产、手工艺品等，出售休闲农业旅游预订服务，发布各类供应消息，解决当地农民渠道窄，销售难的问题。

（三）互联网＋"推广、咨询服务"

公共服务：利用12316、信息服务站、电商平台等，为农户、种养大户等经营主体进行科技培训或承接农业、科技等部门委托，向农户提供农业科技知识咨询和技术培训；推广农业新技术、新产品的运用。

信息咨询服务：为村民提供政策法规、法律、教育、用工、医疗保健等方面的信息咨询服务，帮助村民和大户解决生产经营中的产前、产中、产后等技术问题及信息问题，促进农业、农村、农民与大市场的有效对接。

（四）互联网＋"缴费服务"

缴：为村民代缴话费、水电费、电视费、保险等交费项目，使村民不出村、不出户即可办理相关业务事项。

（五）互联网＋"代理服务"

代：为村民提供各项代理业务；代理各种产品销售、彩票、婚庆、租车、旅游、飞机订票等商业服务和其他部门、单位的中介业务等。

（六）互联网＋"村级物流代办服务"

取：村级信息服务站作为村级物流配送集散地，可代理各家物流配送站的包裹、信件等收取业务和金融部门的小额取款等业务方便村民的生活。

第三章　农产品质量与安全

农产品质量安全事故频发，国家高度重视并进一步加强农产品质量安全监管工作，从中央到地方（包括乡镇）都成立了专门的监管机构，并制定了相应的政策促使各级监管机构履行其职能。2014 年，农业部颁发了《农业部关于加强农产品质量安全全程监管的意见》，要求各级农业部门要系统梳理承担的农产品质量安全监管职能，采取一级抓一级，层层抓落实，切实落实好各层级属地监管责任。《国务院办公厅关于加强农产品质量安全监管工作的通知》要求加强农产品质量安全监管体系建设，各级农产品质量安全监管机构要做好督导巡查、监管措施落实等工作，并充分利用现代信息技术，推进农产品质量安全管控全程信息化，在全国开展农产品质量安全追溯体系。

"追溯"最早被应用于汽车制造业，农产品质量安全管理实行追溯是从 20 世纪 80 年代疯牛病事件后逐渐发展起来的，最早由法国等部分欧盟国家提出。2000 年 7 月欧洲议会、欧盟理事会共同推出（EC）NO1760/2000 法令《关于建立牛科动物检验和登记系统、牛肉及牛肉制品标签问题》，第一次从法律的角度提出牛肉产品可追溯性要求，旨在作为食品安全管理的措施，帮助识别食品的身份、流通环节和来源，按照从原料生产至成品最终消费过程中各个环节所必须记载的信息，确认和跟踪食品生产链相关产品的来源和去向，在发生食品质量问题时，可以查找问题原因，迅速召回问题产品。2001 年 7 月上海市颁发了《上海市食用农产品安全监管暂行办法》，提出在流通环节建立市场档案的可追溯体制，正式将可追溯制度应用于我国农产品质量安全领域。

可追溯性（农产品质量安全）是风险管理的新理念，是指农产品出现危害人类健康的安全性问题时，可按照农产品原料生产，加工上市至成品最终消费过程中各个环节所必须记录的信息，追踪产品流向，召回问题食品，切断源头，消除危害的性质。对于消费者而言，农产品质量安全可追溯性为其提供了透明的产品信息，使其有权知情并做出选择。

第一节　农产品质量与安全

一、农产品质量与农业投入品的重要性

农产品质量安全事关居民的身体健康，事关我省农产品的市场竞争力，事关农民增收和农业的可持续发展。提高农产品质量安全水平，发展无公害食品，既是广大生产者和消费者的要求，也是我省农业产业发展的使然，更是我省社会和经济发展的必然。

农产品质量包含三方面：一是能对人体提供各种有益物质的内在品质，如口感味道、营养成分等；二是安全性品质，如作物中农药、亚硝酸盐、重金属盐类等对人体健康有害物质的含量等；三是商业品质。如色泽、形状、香味等。

（一）农业转基因生物

据百度百科介绍：农业转基因生物是指利用基因工程技术改变基因组构成，用于农业生产或者农产品加工的动植物、微生物及其产品。通俗一点说，也就是利用基因工程技术把一种生物体内的基因转移到另一种生物体内，以此得到新的物种。这样得到的生物被称为"转基因生物"。农业转基因生物可能会对人类、动植物、微生物和生态环境构成一定的危险或者潜在风险。

农业转基因生物主要包括：

（1）转基因动植物（含种子、种畜禽、水产苗种）和微生物；

（2）转基因动植物、微生物产品；

（3）转基因农产品的直接加工品；

（4）含有转基因动植物、微生物或者其产品成分的种子、种畜禽、水产苗种、农药、兽药、肥料和添加剂等产品。

（二）肥料对农产品质量安全的影响

1. 施肥不当对农产品质量的影响

农作物养分不平衡不仅会导致多种病害的发生，而且会影响农产质量安全。

我国农产品质量整体水平不高，主要原因是农民施肥不当，特别是过量偏施氮素化肥导致蔬菜硝酸盐含量过高，水果变酸、皮厚、色淡，稻米、植物油的一些质量指标降低。

2. 肥料污染对农产品质量的影响

农田所施用的任何种类和形态的化肥，都不可能全部被植物吸收利用。化肥利用率，氮为30%—60%，磷为3%—25%，钾为30%—60%。用量过大或使用虽正常，但由于其他自然或人为原因，都会使化肥大量流失。长期过量而单纯施用化学肥料，会使土壤酸化。土壤溶液中和土壤微团上有机、无机复合体的铵离子量增加，并代换Ca^{2+}、Mg^{2+}等，使土壤胶体分散，土壤结构破坏，土地板结，并直接影响农业生产成本和农产品的产量和质量。

使用化肥的地区的井水或河水中氮化合物的含量会增加，甚至超过饮用水标准。施用化肥过多的土壤会使蔬菜和牧草等作物中硝酸盐含量增加。食品和饲料中亚硝酸盐含量过高，曾引起小儿和牲畜中毒事故。

（三）农膜对农产品质量安全的影响

农膜，又称薄膜塑料，包括地膜（也叫农用地膜），主要成分是聚乙烯。主要用于覆盖农田，起到提高地温、保质土壤湿度、促进种子发芽和幼苗快速增长的作用，还有抑制杂草生长的作用。农膜的国家强制性标准厚度为0.008毫米，但市场上销售的有许多是0.004毫米不符合标准的农膜。使用不合格农膜后，不但起不到保温保湿的作用，反而极易造成农田"白色污染"。另外，农膜增塑剂"酞酸酯"及聚氯乙烯残留的氯乙烯单体都已证明具有致癌性。

（四）农药对农产品质量安全的影响

为了节省人力物力、提高产量，追求农产品的外表，一些农业生产者在杀虫剂、除草剂和植物生长调节剂的使用上，违规使用限制使用的农药、超量使用农药、超量使用植物生长调节剂，造成农产品农药残留和植物激素残留，危害人类健康及环境健康。

二、安全农产品的品种

安全农产品：是指符合国家相关食品安全标准、消费者可放心食用的农副产品，包括具有国家相关部门出具的无公害证书、绿色证书、有机证书、QS 质量安全认证的产品；或其他国家或组织的相关认证证书；或有区县以上质量检测机构提供的产品检验合格证书的产品。

（一）无公害农产品

无公害农产品是指产地环境符合无公害农产品的生态环境质量，生产过程必须符合规定的农产品质量标准和规范，有毒有害物质残留量控制在安全质量允许范围内，安全质量指标符合《无公害农产品（食品）标准》的农、牧、渔产品（食用类，不包括深加工的食品）经专门机构认定，许可使用无公害农产品标志（见图3-1）的产品。严格禁止剧毒、高毒、高残留或具有三致性（致癌、致畸、致突变）的农药在无公害农产品上使用，具体见国家禁、限用农药名录。农药施药后不能马上采收或收割，应严格执行农药安全间隔期的规定，以免造成人、畜中毒或加大农药残留量。

图 3-1 无公害农产品标志

广义的无公害农产品包括有机农产品、自然食品、生态食品、绿色食品、无污染食品等。除有机农产品外，这类产品生产过程中允许限量、限品种、限时间地使用人工合成的安全的化学农药、兽药、肥料、饲料添加剂等。无公害农产品符合国家食品卫生标准，但比绿色食品和有机农产品标准要宽。无公害农产品是保证人们对食品质量安全最基本的需要，是最基本的市场准入条件，普通食品都应达到这一要求。

认证：无公害农产品认证是为保障农产品生产和消费安全而实施的政府质量安全担保制度，属于政府行为，公益性事业，不收取任何费用。

无公害农产品认证采取产地认定与产品认证相结合的方式，产地认定主要解决产地环境和生产过程中的质量安全控制问题，是产品认证的前提和基础，产品认证主要解决产品安全和市场准入问题。无公害农产品产地认定与产品认证审批事项是对申报种植业、畜牧业无公害农产品产地认定与产品认证项目进行审核，审核其产地环境、生产过程、产品质量是否符合农业部无公害农产品相关标准和规范的要求。

（二）绿色食品

以保持和优化农业生态系统为基础，优先采用农业措施，尽量利用物理和生物措施防治病虫草害。必要时合理使用"绿色食品生产允许使用的农药和其他植保产品清单"中列出的农药。所选用的农药产品应符合相关的法律法规，并获得国家农药登记许可。应选择对主要防治对象有效的低风险农药品种，提倡兼治和不同作用机制农药交替使用。

1. 绿色食品的标准规定

（1）产品或产品原料的产地必须符合绿色食品的生态环境标准。

（2）农作物种植、畜禽饲养、水产养殖及食品加工必须符合绿色食品的生产操作规程。

（3）产品必须符合绿色食品的质量和卫生标准。

（4）产品的标签必须符合中国农业部制定的《绿色食品标志设计标准手册》中的有关规定。绿色食品的标志为绿色正圆形图案，上方为太阳，下方为叶片与蓓蕾，标志的寓意为保护（见图3-2）。

图 3-2　绿色食品标志

2. 绿色食品的等级分类

绿色食品标准分为两个技术等级，即 AA 级绿色食品标准和 A 级绿色食品标准。

1）AA 级标准

AA 级绿色食品标准要求：生产地的环境质量符合《绿色食品产地环境质量标准》，生产过程中不使用化学合成的农药、肥料、食品添加剂、饲料添加剂、兽药及有害于环境和人体健康的生产资料，而是通过使用有机肥、种植绿肥、作物轮作、生物或物理方法等技术，培肥土壤、控制病虫草害、保护或提高产品品质，从而保证产品质量符合绿色食品产品标准要求。

2）A级标准

A级绿色食品标准要求：生产地的环境质量符合《绿色食品产地环境质量标准》，生产过程中严格按绿色食品生产资料使用准则和生产操作规程要求，限量使用限定的化学合成生产资料，并积极采用生物学技术和物理方法，保证产品质量符合绿色食品产品标准要求。

3. 绿色食品的认证

绿色食品标志，是中国绿色食品发展中心 1996 年 11 月 7 日经国家工商局商标局核准注册的我国的第一例证明商标。其核定使用的商品范围极为广泛，在 1 类的肥料上，注册了图形商标；在 2 类的食品着色剂上注册了文字、图形、英文以及组合共四件商标；在 3 类的香料上、5 类的婴儿食品上注册了四个商标，并在 29 类肉类，煮熟的水果、蔬菜、果冻、果酱等，30 类的糖、咖啡、面包、糕点、蜂蜜、糖调味香料，31 类水果、蔬菜、种子、饲料，32 类啤酒、饮料，33 类含酒精的饮料中进行了全类注册。据不完全统计，迄今为止"绿色食品"证明商标现已在八类 1000 多种食品上核准注册 33 件证明商标。

概括地说，可以申请使用绿色食品标志的一类是食品，比如粮油、水产、果品、饮料、茶叶、畜禽蛋奶产品等，具体包括以下种类。

（1）按国家商标类别划分的第 5、29、30、31、32、33 类中的大多数产品均可申请认证。

（2）以"食"或"健"字登记的新开发产品可以申请认证。

（3）经卫生部公告既是药品也是食品的产品可以申请认证。

（4）暂不受理油炸方便面、叶菜类酱菜（盐渍品）、火腿肠及作用机制不甚清楚的产品（如减肥茶）的申请。

（5）绿色食品拒绝转基因技术。由转基因原料生产（饲养）加工的任何产品均不受理。

另一类是生产饲料，主要是指在生产绿色食品过程中的物质投入品，比如农药、肥料、兽药、水产养殖用药、食品添加剂等。

具备一定生产规模、生产设施条件及技术保证措施的食品生产企业和生产区域还可以申报绿色食品基地。

（三）有机食品

有机食品为不使用化学合成的农药、植物生长调节剂和除草剂的食品。病虫草害防治应从农业生态系统出发，创造不利于病虫草害滋生和有利于天敌繁衍的环境条件，保持农业生态系统的平衡和生物多样性。应优先采用农业措施，通过选用抗病抗虫品种、非化学药剂种子处理、培育壮苗、加强栽培管理、机械或人工除草、耕翻晒垡、清洁田园、轮作倒茬、间作套种、灯光、色彩诱杀害虫等一系列措施防治病虫草害。当以上措施不能有效控制病虫草害时，可使用 GB/T19630.1—2011 中表 A.2 所列出的植物和动物来源、矿物来源、微生物来源等的植物保护产品。有机食品标志见图 3-3。

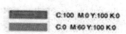

C:100 M:0 Y:100 K:0
C:0 M:60 Y:100 K:0

图 3-3 有机食品标志

1. 认证要求

有机食品是指来自于有机农业生产体系，根据国际有机农业生产要求和相应的标准生产加工的，并通过独立的有机食品认证机构认证的一切农副产品，包括粮食、蔬菜、水果、奶制品、禽畜产品、水产品、调料等。

2. 有机食品生产的基本要求

生产基地在三年内未使用过农药、化肥等违禁物质；种子或种苗来自自然界，未经基因工程技术改造过；生产单位需建立长期的土地培肥、植保、作物轮作和畜禽养殖计划；生产基地无水土流失及其他环境问题；作物在收获、清洁、干燥、贮存和运输过程中未受化学物质的污染；从常规种植向有机种植转换需两年以上转换期，新垦荒地例外；生产全过程必须有完整的记录档案。

3. 有机食品加工的基本要求

原料必须是自己获得有机颁证的产品或野生无污染的天然产品；已获得有机认证的原料在终产品中所占的比例不得少于95％；只使用天然的调料、色素和香料等辅助原料，不用人工合成的添加剂；有机食品在生产、加工、贮存和运输过程中应避免化学物质的污染；加工过程必须有完整的档案记录，包括相应的票据。

第二节　河南省农产品质量安全生产警示

生产、销售、使用违禁高毒农药属于违法犯罪。

生产、销售假冒伪劣种子、农药、肥料等农资属于违法犯罪。

（1）依照规定合理使用化肥、农药、兽药、饲料和饲料添加剂等农业投入品，严格执行农业投入品使用安全间隔期或者休药期的规定。

一是优先选择生物农药。生产中常用的生物杀虫杀螨剂：Bt、阿维菌素、浏阳霉素、华光霉素、茴蒿素、鱼藤酮、苦参碱、藜芦碱等；杀菌剂：井冈霉素（特性）、春雷霉素、多抗霉素、武夷菌素、农用链霉素等。

二是合理选用化学农药。严禁使用剧毒、高毒、高残留、高生物富集体、高三致（致畸、致癌、致突变）农药及其复配制剂，如甲胺磷、呋喃丹、氧化乐果等。

（2）禁止使用国家明令禁止使用的农业投入品，防止因违反规定使用农业投入品危及农产品质量安全（禁用农药）。

①国家禁止使用的农药（41种）如下：六六六、滴滴涕、毒杀芬、二溴氯丙烷、杀虫脒、二溴乙烷、除草醚、艾氏剂、狄氏剂、汞制剂、砷类、铅类、敌枯双、氟乙酰胺、甘氟、毒鼠强、氟乙酸钠、毒鼠硅、甲胺磷、甲基对硫磷、对硫磷、久效磷、磷胺、苯线磷、地虫硫磷、甲基硫环磷、磷化钙、磷化镁、磷化锌、硫线磷、蝇毒磷、治螟磷、特丁硫磷、氯磺隆、福美肿、福美甲肿、胺苯磺隆、甲磺隆（38种）

百草枯水剂：自 2016 年 7 月 1 日起停止在国内销售和使用。

三氯杀螨醇：自 2018 年 10 月 1 日起禁止使用。

硫丹：自 2019 年 3 月 26 日起禁止在农业上使用。

②国家限制使用的农药（2017 版）（32 种）如下：甲拌磷、甲基异柳磷、克百威、磷化铝、硫丹、氯化苦、灭多威、灭线磷、水胺硫磷、涕灭威、溴甲烷、氧乐果、百草枯、2，4－滴丁酯、C 型肉毒梭菌毒素、D 型肉毒梭菌毒素、氟鼠灵、敌鼠钠盐、杀鼠灵、杀鼠醚、溴敌隆、溴鼠灵（以上 22 种实行定点经营）、丁硫克百威、丁酰肼、毒死蜱、氟苯虫酰胺、氟虫腈、乐果、氰戊菊酯、三氯杀螨醇、三唑磷、乙酰甲胺磷。

第三节　农产品科学安全种植要求

一、科学安全使用农药要求

（一）科学使用农药

购买和使用农药时，要仔细阅读标签和说明书，做到以下几点。

（1）对症用药。在充分了解农药性能和使用方法的基础上，根据防治病虫害种类，选择使用合适的农药，对症防治。

（2）适时施药。在预测预报的基础上，准确把握病虫发生发展的动态，掌握防治病虫的关键时期，适时施药防治。

（3）合理施药。严格按照批准登记的作物、防治对象、施药剂量、使用方法、使用次数和安全间隔期，合理使用农药。

（4）轮换用药。经常轮换使用不同类型的农药，防止害虫或病菌产生抗药性。

（5）混用农药。合理地混用农药，一次施药防治多种病虫害，节省劳力，降低防治成本。

（二）安全使用农药

（1）竖立标志牌。施过农药的地块要竖立标志牌，在一定的时间内不应进行农事操作、放牧、割草、采挖。

（2）注意个人防护。在配制和使用农药过程中，要穿防护衣裤、防护鞋、防护帽子、防毒口罩和防护手套等，防止农药中毒。施药结束后，要用肥皂清洗后，更换干净衣物，并将施药时穿戴的衣裤鞋帽清洗干净。

（3）安全施药。使用农药时要注意风力、风向及天气的变化，应在无雨和 3 级风以下的天气施药。高温季节中午不能施药，要在上午 9 时前和下午 4 时后进行。

（4）妥善处置废液和包装物。施药残余的药液及洗涤施药器具的污水切勿倒入河塘，防止污染水源。废弃药液、剩余农药和农药包装物要妥善处理，不可随便丢弃或挪作他用，防止污染环境。

（5）中毒急救。在施药过程中不慎接触皮肤或溅入眼睛，应用大量清水冲洗至少 15 分钟。如中毒，应立即携带农药标签将病人送医院对症治疗。

（三）常用农药使用安全间隔期目录

1. 杀虫剂

杀虫剂使用安全间隔期见表 3-1。

表 3-1 杀虫剂使用安全间隔期

农药名称	含量及剂型	适用作物	每季作物最多使用次数（次）	安全间隔期（天）
阿维菌素	1.8%乳油	蔬菜	1	7
		果树	2	14
啶虫脒	20%乳油	蔬菜	3	2
		果树	1	14
丁硫克百威	20%乳油	粮食	1	30
		蔬菜	2	7
		果树	2	15
	35%种衣剂	粮食	1	—
定虫隆	5%乳油	蔬菜	3	7
毒死蜱	48%乳油	果树	1	28

续　表

农药名称	含量及剂型	适用作物	每季作物最多使用次数（次）	安全间隔期（天）
杀螺胺	70％可湿性粉剂	粮食	2	52
高效氟氯氰菊酯	2.5％乳油	蔬菜	2	7
氟氯氰菊酯	5.7％乳油	蔬菜	2	7
高效氯氰菊酯	10％乳油	蔬菜	3	3
氯氟氰菊酯	2.5％乳油	油料	2	30
		蔬菜	3	7
		果树	2	21
氯氰菊酯	10％乳油	蔬菜	2	5
		果树	3	7
	25％乳油	蔬菜	3	3
顺式氯氰菊酯	10％乳油	蔬菜	2	3
		果树	3	7
溴氰菊酯	2.5％乳油	蔬菜	3	2
		油料	2	7
		果树	3	28
除虫脲	25％可湿性粉剂	蔬菜	3	7
		果树	3	28
氟虫脲	5％乳油	果树	2	30
吡虫啉	20％浓可溶剂	粮食	2	7
		蔬菜		
四聚乙醛	6％颗粒剂	粮食	2	70
		蔬菜		7

农药名称	含量及剂型	适用作物	每季作物最多使用次数（次）	安全间隔期（天）
抗蚜威	5％可湿性粉剂	油料	3	10
		蔬菜		11
毒死蜱＋氯氰菊酯	52.25％乳油（毒死蜱47.5％＋氯氰菊酯4.75％）	果树	2	14

2. 杀菌剂

杀菌剂使用安全间隔期见表3-2。

表3-2　杀菌剂使用安全间隔期

农药名称	含量及剂型	适用作物	每季作物最多使用次数（次）	安全间隔期（天）
百菌清	45％烟剂	蔬菜	4	3
	75％可湿性粉剂	油料	3	14
		蔬菜	3	7
	40％胶悬剂	油料	3	30
氢氧化铜	77％可湿性粉剂	蔬菜	3	3
		果树	5	30
烯唑醇	12.5％可湿性粉剂	粮食	1	—
		果树	3	21
噁霉灵	30％水剂	粮食	3	—
稻瘟灵	40％乳油（或可湿性粉剂）	粮食	2	28
春雷霉素	2％水剂	粮食	3	21
咪鲜胺	45％乳油	果树	1	7
	25％乳油	粮食	1	—
	45％水乳剂	果树	1	7

续　表

农药名称	含量及剂型	适用作物	每季作物最多使用次数（次）	安全间隔期（天）
代森锰锌	80％可湿性粉剂	蔬菜	3	15
		果树		21
	42％干悬浮剂	果树		7
	75％干悬浮剂	果树		21
	43％悬浮剂	果树		35
腐霉利	50％可湿性粉剂	蔬菜	3	1
		果树	2	14
		油料	2	25
丙环唑	25％乳油	果树	2	42
甲基硫菌灵	70％可湿性粉剂	粮食	3	30
	50％悬浮剂			
三环唑	75％可湿性粉剂	粮食	2	21

二、科学安全施用肥料要求

根据土壤供肥能力、农作物需肥规律、农作物生产类别，合理选择肥料品种、施肥时期、施肥方式与方法。

（一）测土配方施肥

根据作物需肥规律，土壤供肥特性及肥料效应确定肥料的施用数量、施肥时期及施肥方法等。或按照当地农业部门推荐的测土配方施肥技术进行施肥。

（二）肥料品种选择

一是应选择手续合法的商店或企业厂家购买，并索取购销凭证；二是合理选用有机肥、有机无机复混肥料、缓释肥料、大量元素水溶肥料、中量元素水溶肥料、微量元素水溶肥料、含氨基酸水溶肥料、含腐殖酸水溶肥料等新型肥料，进一步培肥土壤，提高肥料利用率，实现减量增效；三是根据农作物生产类别合理选用肥料品种。

1. 有机农产品的肥料品种选择

不使用化学合成的肥料，以农家肥和通过有机认证的有机肥为主，辅以矿物肥料和微生物肥料，可以适当种植绿肥作物培肥土壤；不应在叶菜类、块茎类和块根类植物上施用人粪尿，在其他植物上需要使用时，应进行充分腐熟和无害化处理，并不得与植物食用部分接触。

2. 绿色食品的肥料品种选择

肥料种类的选取应以农家肥料、有机肥料、微生物肥料为主，化学肥料为辅；在保障植物营养有效供给的基础上减少化肥用量，无机氮素用量不得高于当季作物需求量的一半；不使用添加有稀土元素的肥料，不使用成分不明确、含有安全隐患成分的肥料，不使用未经发酵腐熟的人畜粪尿。

3. 无公害食品的肥料品种选择

（1）允许施用的肥料有三类：①有机肥料包括经无害化处理后的粪尿肥、堆沤肥、绿肥、饼肥、草木灰、腐殖酸类肥料和秸秆等；②无机肥料包括氮肥中的硫酸铵、碳酸氢铵、尿素和硝酸铵钙等；磷肥中的过磷酸钙、重过磷酸钙、钙镁磷肥、磷酸一铵和磷酸二铵等；钾肥中的硫酸钾、氯化钾和钾镁肥等；微量元素肥料中的硼砂、硼酸、硫酸锰、硫酸亚铁、硫酸锌、硫酸铜和钼酸铵等；③其他肥料包括以上述有机肥料和无机肥料为原料制成的符合国家相关标准并正式登记的复混肥料、国家正式登记的新型肥料和生物肥料。

（2）禁止和限量使用的肥料。禁止使用的肥料包括城市生活垃圾、污泥、城乡工业废渣，以及未经无害化处理的有机肥料；不符合相应标准的无机肥料；未经登记使用的肥料；忌氯作物禁止施用含氯化肥。限量使用的肥料：以土壤养分测定分析结果和作物需肥规律为基础确定肥料施用量；依据作物轮作周期的肥料需要，前茬重施用的磷钾肥，对后茬作物依然有效，后茬作物可以少施或不施肥。根据作物生长发育的营养特点和植株营养诊断进行追肥。选择适宜的追肥肥料类型、用量和追肥时期。对于连续结果的蔬菜，追肥次数不宜过多。

（三）施肥方式选择

合理选用沟施、穴施、冲施、叶面喷施等高效的施肥方式。提倡氮肥深施、机械施肥、水肥一体化等。

（四）肥料安全施用

（1）安全施肥。合理制定施肥总量、限量，充分发挥土壤的增产潜力，避免过量施肥造成面源污染。禁止和限制使用由城市生活垃圾、污泥、城乡工业废渣以及未经无公害化处理的有机肥和其他不符合相应标准的肥料。

（2）科学配伍。肥料间酸性化肥不可与碱性肥料混用。药肥间需根据肥料和农药理化性状参照产品使用说明科学配伍，现用现配，节省劳力，降低用工成本。

（3）个人防护。肥料本身一般无毒无害，但与农药配伍施用时，要做好个人防护，防止中毒。

第四章　农技知识与技术

第一节　农业技术的基本知识

一、常规技术

常规技术是经常、长期、普遍应用的技术，在任何农业发展阶段都是提高生产力的主体。

（一）育种和良种繁育

育种，指的是选育动植物新品种的过程。其做法是利用原有品种中的自然变异或先应用杂交或人工诱变等方法创造新类型，再通过选择、繁殖、比较试验，选育出符合生产需要的新品种。

良种繁育，是将新创造的动植物良种扩大繁育种子、种苗、种畜的过程，以便在生产中推广应用。

（二）作物种植制度

种植制度是一个单位内作物生产的总体安排，包括作物结构、布局、复种和种植方式（间套作或单作、轮作或连作）等。这是一项复杂的技术系统，对农业生产影响甚大。我国盛行以间套复种为中心的多熟制，有利于充分利用时间与空间，体现了中国种植制度的特色与亮点。

（三）作物栽培技术

在作物生命活动期间，根据作物的生长发育规律所采取的各种田间管理措施的总称。包括品种选用、农机配置、种子处理、整地、播种、合理密植、水肥管理、病虫害防治、收获等环节。良好的栽培技术在农作物增产中起着重要的作用。

（四）平衡施肥技术

人要吃饭，庄稼要吃肥。据 FAO（联合国粮食及农业组织）研究，作物增产中，化肥的贡献达 50% 以上。

所谓平衡施肥，一是施肥数量上力求平衡，以产定肥（包括化肥和有机肥），即根据土壤肥力的测定状况和作物产量的要求，作物需要多少养分就给多少肥料；二是养分种类上的平衡，氮磷钾及微量元素等要按比例配合，避免畸轻畸重。

有机肥和化肥都无毒无害，它们在应用机理上也基本是一致的，其区别无非是有机肥所含养分种类比较多，而化肥多数品种为一两种元素组成，因此，在施肥技术上要讲究元素的配合。西方提倡的"有机产品"禁止使用化肥的规定，只不过是一种信仰或商业目的而已。

（五）灌溉与节水技术

水利是农业的命脉，灌溉（或排水）加施肥可使产量成倍地增加。要根据不同作物的需要以及天气、土壤、水源等条件，适时、适量进行灌水，少了多了都不好。要推广节水灌溉技术，杜绝大水漫灌现象，推广沟灌、畦灌、管灌以及喷灌、滴灌、渗灌等节水工艺。

（六）植物保护技术

对病虫草害应采取"以防为主，防治结合"的方针，以病虫的测报为基础运用农艺、生物、化学、物理等综合防治措施，具体如下。

（1）选用抗病虫草害的优良品种，这是最为经济有效的办法。

（2）化学防治仍是综合防治技术中最有效的关键技术。

（3）轮作对防治某些土传性病虫害和杂草有一定的效果。

（4）土壤耕作措施，包括深翻是防治病虫草害的有效手段。

（5）生物防治也是一种可能采取的防治手段，例如用寄生蜂类防治棉铃虫，但应用尚少。

（七）畜禽饲养与防疫技术

现代饲养技术是以饲养标准为依据，以配合饲料为中心的标准饲养。要以满足畜禽营养需要为前提，进行饲料的合理搭配和高效利用，使饲料的各种营养物质和能量指标具体化。同时，要采取专业化、集约化、规模化的现代养殖方法。

畜禽疫病（如禽流感）是影响畜牧业生产的重要问题之一，要贯彻"预防为主、综合防治"的方针。

（八）农产品储藏、保鲜、加工技术

根据农产品的特性和生理生化指标，决定采收的最佳时期，采取预冷措施后，在储藏期内调整温度、乙烯含量等措施防止老化，并利用防腐剂和新陈代谢抑制剂，达到储藏保鲜的目的。农产品加工是农业生产经营的延续和升值升级，也是乡镇企业的重要内容之一。

（九）农业机械和工程技术

农业机械设计和制造工艺为现代拖拉机和农机具奠定了基础，而农业机械是农业现代化的先锋和重要工具，它大幅度提高了劳动生产率和经济效益。

农业工程技术包括农田基本建设、农田水利、水土保持、设施园艺、畜禽建筑等方面，是提高农业生产力不可缺少的条件。

二、高新技术

高新技术是技术上某个领域中某些项目新的突破或进展，它们是促进农业生产的生长点，是对农业技术领域的补充、发展和完善，并逐步成为常规技术的重要组成部分，不宜将高新技术与常规技术对立起来。

（一）生物技术

以现代生命科学为基础，结合先进的工程技术手段和其他基础学科的科学原理，按照预先的设计改造生物体或加工生物原料，为人类生产出所需新产品或达到某种目的。

在该定义中，所谓"先进的工程技术手段"，是指基因工程、酶工程、细胞工程、发酵工程等新技术。

所谓"生物体"包括动物、植物、微生物品系。

所谓"生物原料"包括生物体的一部分或生物生活过程中所能利用的物质，诸如各种有机物、某些无机物及某些矿石。

所谓"为人类生产出所需产品"包括粮食、医药、食品、能源、化工原料、金属及其他材料等；而所谓"某种目的"则包括疾病预防、诊断与治疗，环境污染物监测、环境污染治理与控制、环境修复等。

农业生物技术涉及育种、种植和养殖、施肥和灌溉、植保和防疫，以及众多新领域的开拓，它不是某种一般性高技术，而是农业科技的源头性和战略性高技术。

转基因技术或称基因工程，主要通过限制型内切酶和连接酶的作用，使个别基因和作为基因载体的质粒或病毒分子相结合而成为重组脱氧核糖核酸（DNA）分子，再将这种分子通过转化等方法引入某种细胞中，使这一细胞表达相应的性状。

当前，有些转基因产品已进入商业化阶段。在转基因作物中，主要是耐除草剂的大豆和油菜，其次是抗虫玉米和棉花。

1996—2002年，全球转基因作物种植面积增长了40倍，达到5870万公顷；全球1/4的大豆、玉米、棉花和油菜，美国2/3的大豆和棉花、1/3的玉米种是转基因作物。

抗虫棉可减少用药70%—80%，降低防治成本60%—80%。近6年少用了农药12万吨，减少棉农开支84亿元，播种面积占到全国植棉面积的一半。

遗传改良猪的日增重和饲料报酬可达到我国现水平的一倍，胚胎工程技术和克隆技术已趋成熟和商业化，全球每年生产100多万枚胚胎，中国只占0.1%。

微生物基因重组技术的出现，正在掀起农用生物制剂产业的一场革命。新一代生物农药、动物疫苗、生物肥料、动植物生长调节剂等将如雨后春笋般出现。

据美国遗传学会预测，到2020年，以作物和畜禽为载体的生物反应器技术生产的医用基因工程药物在美国将占到90%以上。

关于转基因作物的安全性的争论：反对者担心转基因产品可能产生不利于环

境或人类的消极影响。例如①基因漂移，因而产生抗除草剂的超级杂草；②对生物多样性的影响；③可能含免疫或过敏物质、毒素或致癌物质，对人类不利。1996 年在罗马召开的世界粮食峰会上，联合国粮农组织（FAO）的结论是"这是争议性很大的问题，20 年后，发展中国家将看到它的益处"。

（二）信息技术

研究信息的产生、采集、存储、交换、传递、处理过程及其利用的新兴领域。

农业信息技术应用的几个方面：

（1）数据库技术（database technology）。

（2）专家系统（ES）（Expert System）。

（3）决策支持系统（DSS）（Decision Support System）。

（4）模拟模型 SS（Simulation System）。

（5）遥感系统（RS）（Remote Sensing System）。

（6）全球定位系统（GPS）（Global Positioning System）。

（7）地理信息系统（GIS）（Geographical Information System）。

（8）多媒体技术（multimedia technology）。

（9）网络技术（network technology）。

（三）精确农业

精确农业是将遥感、地理信息系统、全球定位系统、计算机技术、通信和网络技术、自动化技术等高科技与地理学、农业、生态学、植物生理学、土壤学等基础学科有机地结合，实现在农业生产全过程中对农作物、土地、土壤从宏观到微观的实时监测，以实现对农作物生长、发育状况、病虫害、水肥状况以及相应的环境状况进行定期信息获取和动态分析，通过诊断和决策，制订实施计划，并在 GPS 和 GIS 集成系统支持下进行田间作业的信息化现代农业。

具体含义：按照农业操作每一单元的具体条件，精细准确地调整各项农业管理措施，在每一生产环节上最大限度地优化各项农业投入，以获取最大经济效益和环境效益。

（四）新材料在农业上的应用

材料一直是人类进化的重要标志，如历史上的石器时代、青铜器时代、铁器时代，从农业社会到工业社会的转变是由于钢铁、水泥、金属等材料的广泛应用，信息技术的发展则以半导体硅材料的应用为前提。

农业的进步与材料关系至为密切，从石器、青铜器、铁器到钢铁，反映了农业不断进步的过程。近些年来，塑料薄膜在农业上的推广，促进了设施园艺、地膜的发展。

（文章来源：望谟县人民政府门户网）

第二节　实用技术

一、地膜使用技术

（一）炭化稻壳替代黑色地膜，透气吸湿提升网纹瓜品质

炭化稻壳（见图 4-1）覆盖材料，吸收太阳热能，可提高地温；炭化之后形成了多微孔的疏松结构，具有较大的比表面积和微孔结构，有物理吸附和化学吸附的双重作用，从而改良土壤。

图 4-1　炭化稻壳的使用（左：炭化稻壳；右：炭化稻壳覆盖）

质轻、透气；通过高温炭化，不带病菌；吸湿性好，对于维持棚室微环境有较好的作用；作为 2018 年北京市农业技术推广站引入炭化稻壳作为日本网纹甜瓜栽培的覆盖材料，利用其透气性促进根系生长，延缓植株衰老；利用其吸湿性调控网纹瓜生长微环境，提高外观商品性；利用其微孔吸附和静电作用，改良土壤。

（文章来源：北京市农业技术推广站）

（二）覆盖地膜要防灼伤蔬菜

地膜覆盖是日光温室蔬菜生产的一项常用技术，采用地膜覆盖，不但可以提高地温，减少土壤水分蒸发，防止地面板结，而且能降低棚内的空气湿度，减少病害的发生和传播，有利于蔬菜的生长发育。地膜覆盖在为蔬菜营造良好的生长环境的同时，如果使用不当，容易起到相反的作用，造成蔬菜灼伤，影响植株的生长。

1. 危害症状及原因分析

比较常见的是，在晴朗高温天气，地膜封口不严，容易灼伤蔬菜。出现这种情况主要是由于地膜的透光增温，使地面土层水分汽化，在膜下表面形成水珠，当定植穴裸露时，膜下汽化热空气即从穴中冲出，这种汽化热空气的温度，尤其是晴天的中午气温很高的情况下，常会灼伤幼苗，或使蔬菜的叶片、根茎部或茎基部出现热害，不仅能够造成植株损伤，还容易感染病原菌，引发茎基腐等病害，从而造成缺苗断垄或影响植株正常生长，严重者会导致减产。

此外，当晴朗高温天气时，植株叶片接触地膜，此时地膜温度较高，也容易灼伤叶片，这种问题在覆盖黑地膜的情况下发生较多。

2. 预防措施

当蔬菜覆膜结束后，可以用细土压在地膜上，将定植穴封牢，防止地膜内的热气灼伤蔬菜。同时及时关注天气，如遇高温强光天气，及时覆盖遮阳网等，防止棚内温度过高。

3. 发生灼伤后的应急措施

若发现植株被灼伤后，应第一时间将细土压在植株周围的地膜上，将地膜与植株间的空隙封死，以防地膜内的高温继续危害。另外，根据灼伤程度，可采用以下方式处理：

（1）如发生灼伤后，受害不是很严重，可以使用含有芸苔素内酯、赤霉素等成分的药物进行喷施，调节植株生长，同时加强肥水管理，强壮植物根系，使植株快速恢复长势。

（2）若覆膜幼苗较小，发生热害后，为防止发生茎基腐病等病害，可选用一些保护性杀菌剂喷淋进行预防。

（3）如果植株损伤较为严重，及时拔除，换栽新的植株，减少损失。

（文章来源：河北农科 110 网）

（三）地膜口别再用土埋

地膜覆盖有增温保湿的作用，有利于土壤微生物的增殖，加速腐殖质转化成无机盐的速度，有利作物吸收。同时可减少养分的淋溶、流失、挥发，提高养分的利用率。但任何事物都有利有弊，很多菜农覆盖地膜时习惯用土把地膜口覆盖压实，使其紧贴地面，认为这样可以防止湿气外散，让作物多生根。其实这种做法弊大于利。

一方面，地膜贴地覆盖，本身就影响了土壤的透气性，而用土将地膜口压实，更加不利于土壤气体的交换，当土壤积累大量的二氧化碳以及其他有害气体时，会影响到根系及有益微生物的生存，在厌氧条件下产生较多的对根和有益微生物有毒性的气体，导致根系生长不良。

另一方面，虽然作物易生根系，但在盖土后着生的根系多聚集于地表，根系越浅，受棚温变化的影响就越大，当冷空气来临，棚室降温剧烈时，首先受影响的就是土壤表层的根系，而培育作物浅根系是不明智的举措。

综合利弊因素，建议菜农在操作行内铺设秸秆吸湿，或采用膜下节水灌溉的方式。把地膜口敞开，让土壤进行自由的呼吸。

（文章来源：永城市农业技术推广中心）

（四）地膜颜色多，作用各不同

近年来，各种有色地膜纷纷上市，无形中也增加了种植户的挑选难度。不同颜色的地膜对光谱的吸收和反射规律不同，对农作物生长及杂草、病虫害、地温的影响也不一样。生产中要针对不同农作物的特点和种植季节，选择不同颜色的地膜。

1. 无色透明地膜

时下，最常见也是最普通的地膜就是无色透明地膜，一般厚度 0.015 毫米，幅宽 80—300 厘米，其透光率和热辐射率达 90％以上，具有一定的反光作用。广泛用于春季增温和蓄水保墒。此外，还可提高土壤微生物活性，对改良土壤、提高土壤有机质含量有一定作用。

2. 黑色地膜

黑色地膜透光率低，所以能有效防止土壤中水分的蒸发和抑制杂草的生长，主要用于低湿田、易生杂草的蔬菜栽培田。也因为透光性不及透明膜，所以增温性较缓慢，地面覆盖可明显降低地温。

3. 蓝色地膜

蓝色地膜的主要特点是保温性能好，在弱光照射条件下，透光率高于普通膜，在强光照射条件下，透光率低于普通膜。用于水稻育苗，有利于苗壮、根多、成苗率高；用于蔬菜、花生和草莓等作物，能抑制十字花科蔬菜的黑斑病菌生长，具有明显的增产和提高品质的作用；还可用于棉花、马铃薯等作物覆盖栽培。

4. 绿色地膜

覆盖绿色地膜能使植物进行旺盛光合作用的可见光透过量减少，而绿光增加，因而能抑制杂草叶绿素形成，降低地膜覆盖下杂草的光合作用，达到抑制杂草生长的目的。它对于土壤的增温作用强于黑色膜，但不如透明膜。因此，绿色地膜的作用是以除草为主、增温为辅。

5. 红色地膜

红色地膜比黑色地膜更能刺激作物生长，植物会利用更多的能量进行地上部分的光合作用。红色地膜能透射红光，同时阻挡其他不利于作物生长的色光透过，因此使作物生长旺盛。实践证明，红色地膜能满足水稻、玉米、甜菜等对红光的需要，使水稻秧苗生长旺盛，甜菜含糖量增加，胡萝卜长得大，韭菜叶宽肉厚、收获期提前。

6. 紫色膜

该膜主要适用冬春季温室或塑料大棚的茄果类和绿叶类蔬菜栽培，可提高品质和产量。

7. 黄色膜

据试验，用黄色膜覆盖，芹菜和莴苣植株生长高大，且抽薹推迟；豆类生长壮实，可促进黄瓜现蕾开花，增加产量 1—1.5 倍；覆盖茶树，茶叶品质上乘产量提高。

（文章来源：《农民日报》）

（五）地膜覆盖有哪四忌

地膜覆盖栽培具有增温、保水、保肥、改善土壤理化性质，提高土壤肥力，抑制杂草生长，减轻病害的作用，在连续降雨降雪的情况下还有降低湿度的功能，从而促进植株生长发育，提早开花结果，增加产量、减少劳动力成本等作用。蔬菜地膜覆盖增产增收效益好，已被大多数菜农认同，但在生产过程中要避免以下四种不正确的做法，以免事倍功半，影响产值。

1. 忌选用工业用膜

膜大体分为工业用膜和农业用膜，在蔬菜生产上一定要选择农业用膜，千万不能选用工业用膜，因为一些工业用膜含有一些有毒物质，对作物有伤害，甚至造成绝产绝收。农业用膜又分为透明膜、黑色膜、银灰色膜等，要根据季节、作物种类、覆盖目的，选择不同棚膜。如棚菜以增温保湿为目的的要选择透明膜；以降地温、除草保湿为目要选择黑色膜；防蚜虫可用银灰色膜等。

2. 忌忽视水分管理

有人认为覆盖地膜有保水作用，就忽略了水分管理，其实保水是要有水可保。所以地膜覆盖前，土壤中水分一定要充足，这是保证出苗和苗期正常生长的关键。相反，如果土壤黏重，水分过多，缺乏氧气，对种子发芽和根系生长不利，这样的地块应先晾墒，湿度适宜时再覆盖地膜，否则易沤根毁苗。

3. 忌盲目提前播种

地膜覆盖播种不能过早，因为盖膜地温好、墒情好、出苗快，遇到晚霜易受冻，造成毁苗，确定播种期一定要考虑三个因素：一是种苗对环境条件的要求；二是本地的终霜期；三是从播种到出苗的天数。在三种条件均适宜的情况下，最好是终霜期前播种终霜期后出苗，这样才有利于增产增收。

4. 忌盲目施用肥料

一些菜农为了高产，盲目地增加施肥量，特别是播种同时埯施或条施，不仅造成浪费，增加成本，甚至烧苗毁种。也有的菜农认为盖膜就能增产，农家肥用量少，肥料用量也不足，造成后期脱肥，影响产量。施底肥时不论是有机肥还是化肥一定要全层施肥，而且要深翻 20—30 厘米，并与土壤充分混合，严防浅施在地表土层。用肥量要准确，不能过多或过少，施用的有机肥要充分腐熟。

（文章来源：网络）

（六）地膜循环利用，为菜农解烦忧

大棚内地膜覆盖栽培在世界许多国家已经广泛应用。在大棚里加盖地膜不但能提高蔬菜产量和品质，还可使产品收获时间提早或延后 10—15 天。但在实际生产中，农民朋友常常会因为废旧的农膜而发愁，大多数地膜因使用不当只能使用一次不得不废弃。

以下方法可保证地膜在多次利用下不仅可以达到较好的效果，而且可提高地膜的利用率，减少浪费。

麦瓜利用：从冬季11月底开始利用新膜覆盖小麦，到第二年春季3月中旬为小麦覆膜期，然后将揭下来的地膜4月上旬再覆盖西瓜。

麦、菜多次用：从11月底到第二年3月中旬先覆盖小麦，之后盖春菜，10天左右撤膜，到4月上旬再覆盖夏菜，有的还要盖秋菜。只要注意小心揭盖地膜，一般可以用4次。地膜移揭，一膜多次覆盖不同作物。①冬小麦—甘蓝—黄瓜（或西红柿）；②冬小麦—生笋—西红柿（黄瓜）；③冬小麦—小茴香—甜椒；④冬小麦—小萝卜—小白菜—芸豆；⑤越冬蒜—萝卜—芸豆—西红柿；⑥越冬菠菜—水萝卜—小茴香—西红柿。

上例中的水萝卜、小茴香等速生菜可互相调剂，第三茬的瓜、果、菜类也可互相置换。地膜一盖到底，只改换作物。如覆盖地膜后，先栽甘蓝，后栽甜椒，秋天再栽生笋或春季覆盖豆角，秋季盖黄瓜。先作地膜用，再作小拱棚。先用地膜覆盖小麦，揭下后，再用地膜来建造小拱棚栽培芸豆等蔬菜。也可在大棚内用地膜作小拱棚栽培黄瓜，揭下地膜后再作地膜覆盖用于西红柿等蔬菜的栽培。

（文章来源：中国农业技术网）

（七）作物地膜覆盖栽培应注意的几个关键方面

地膜覆盖栽培能起到增温、保水和保肥等作用。采用地膜覆盖栽培技术，配合早熟品种，能达到早上市、增产、增收的目的。但地膜覆盖栽培技术有其局限性，应用不当会造成出苗率低、幼苗灼伤、遭受冻害、中前期徒长、后期早衰、病虫草害发生重、污染重等问题，应加以重视。

1. 播种时间

覆盖地膜后地温可提高3—4摄氏度，从出苗适宜温度方面考虑，播种期可相应提前10天左右。但覆盖地膜提高地温却无法对抗霜冻，在过迟播种情况下覆膜效果又不明显，故播种时间以终霜后出苗为前提。在大棚或小拱棚内加地膜覆盖栽培时，可适当再提前15—20天播种或定植。

2. 地膜选用

常规膜残留对农业的污染越来越严重。为控制污染应注意以下几个方面：一是大力推广可降解膜。目前我国已成功研制出与常规膜性能相似但后期降解度高的生物降解膜。二是注重回收废常规膜，并集中处理，以免影响后茬作物的生长和造成环境污染。三是大力推广一膜多茬、旧膜覆盖等技术，提高常规膜利用率。

3. 肥料施用

地膜覆盖栽培地温增高，微生物的活力增强，土壤中的有机质分解快，因而要增加有机肥的施用量，应本着"重施底肥，早施追肥"的原则。底肥占作物全生育期需肥总量的70%左右。肥料种类以充分腐熟的有机肥（一般为每667平方米（1亩）5000—10000公斤）为主，适当配合速效化学肥料。早施追肥，即在植株封行后，划膜随水追肥，然后用土封住膜口。此外，从氮、磷、钾三要素考虑，地膜栽培的作物氮素肥料的施用量可较不覆盖的少20%—30%；而磷、钾肥料应适当增加用量。植株的生长发育后期可用0.2%尿素液配合磷酸二氢钾和微量元素进行叶面补肥。

4. 盖膜压膜

非保护地栽培，盖膜时要拉紧、铺平、紧贴地面，四周压严、隔段压土堆，防风揭。

5. 水分管理

整地时土壤湿度是以手紧握泥土成团，松开即散为宜。如发现土壤含水量低，就要考虑灌水造墒再整地，同时切实做到耕地、作畦、覆膜及镇压等各个环节连续进行，防止散湿跑墒，以保证种子整齐萌发出土及幼苗生长。生长季节如遇阴天要及时清沟排水，防止烂根、烂果和植株病害蔓延；干旱时灌水要采用沟灌浸润的方法。

6. 及时破膜

覆膜后在晴天膜下温度能高达50摄氏度，在幼苗集中出土时分批及时破膜，防止幼苗灼伤或烤死，割口四周应用土压紧，以保证覆膜效果。

7. 病虫草防治

覆膜栽培应注重通过药剂拌种或播种时沟内撒施药剂防治地下害虫（地老虎、蝼蛄等）重视和根际病菌。地膜栽培中，杂草一旦发生就难以防治，故要重视覆膜前喷适宜除草剂或选用除草膜或有色膜、压膜要严密、结合人工拔除等综合措施的运用。

8. 苗情控制

覆膜栽培植株生长发育加快，要加强水、肥调控，注重综合运用底施缓控释肥，前期以水控肥，中期整枝、化控、强化肥水管理，后期补肥防早衰等措施。

（文章来源：石家庄农技网）

二、农药使用技术

（一）多种药剂适合防治葡萄灰霉病

为筛选当前对葡萄灰霉病有明显防治效果的杀菌剂，山东省果树研究所研究人员采用菌丝生长速率法、悬滴法，分别测定了13种杀菌剂对葡萄灰霉病病菌的室内毒力，并进行了田间防治试验研究。

结果表明，啶酰菌胺、咪鲜胺、咯菌腈对孢子萌发的抑制作用最强，其EC50值分别为0.1204、0.1396、0.1838毫克每毫升；嘧菌环胺、啶酰菌胺、啶菌噁唑、咯菌腈对菌丝生长的抑制作用最强，其EC50值分别为0.2017、0.3266、0.4592、0.5585毫克每毫升。

田间防治试验结果表明，50％嘧菌环胺水分散粒剂、50％啶酰菌胺水分散粒剂、50％咪鲜胺锰盐可湿性粉剂、50％咯菌腈可湿性粉剂的防治效果最好，在试验浓度范围内对葡萄安全无药害，是适合推广应用于防治葡萄灰霉病的杀菌剂品种。

截至2017年底，嘧菌环胺、啶酰菌胺、咯菌腈均已在我国获批登记防治葡萄灰霉病；咪鲜胺虽已在葡萄上登记，但防治对象为炭疽病、黑痘病和白腐病，尚不包括灰霉病。

（文章来源：《农药市场信息》）

（二）油菜田及时治虫

油菜田害虫主要是蚜虫和小菜蛾，应注意及时查治。

1. 蚜虫

长江流域危害油菜的蚜虫主要有萝卜蚜、桃蚜和甘蓝蚜，以成虫和若虫聚集在油菜叶背心叶、茎枝和花轴上刺吸汁液危害。叶片受害后出现褪绿斑点，严重的使叶片卷曲萎缩，幼苗生长迟缓。嫩茎、花轴受害后畸形，角果受害后发育不良。适温、干旱会导致蚜虫大发生，连续阴雨天气不利于蚜虫繁殖。蚜虫还是多种病毒病的传播媒介，造成的损失远大于直接刺吸危害。

防治措施：油菜苗期有蚜株率达 10％、虫口密度为每株 1—2 头，开花期每枝有蚜 3—5 头时，每亩用 10％吡虫啉可湿性粉剂 20 克，或 50％吡蚜酮可湿性粉剂 10—15 克，或 50％抗蚜威可湿性粉剂 15 克，或 3％啶虫脒乳油 40 毫升加水喷雾防治。

2. 小菜蛾

小菜蛾属鳞翅目菜蛾科害虫，俗称"吊丝虫"。低龄幼虫仅取食油菜叶片叶肉，残留叫片表皮，叶片呈"开天窗"被害状；3—4 龄可将叶片吃成孔洞和缺刻，严重时全叶被吃成网状，仅留叶脉。其成虫昼伏夜出，有趋光性；产卵历期长，因而世代重叠现象严重。潮湿多雨不利于其发育，高温干燥有利于其发生，十字花科蔬菜种植面积大或油菜连续种植地区小菜蛾常发生较重。油菜幼苗有 8—10 张叶片时应进行田间检查，每平方米幼虫达到 20 头以上应立即用药防治。

防治措施：可选用 2.5％多杀霉素悬浮剂 1000—1500 倍液，或 5％氟啶脲乳油 1000—2000 倍液，或 1.8％阿维菌素乳油 2000—3000 倍液，或 10％虫螨腈悬浮剂 1500—3000 倍液等喷雾防治。小菜蛾易产生抗药性，尤其是高龄幼虫抗药性强，要掌握在低龄幼虫期施药，注意轮换交替用药。

（文章来源：《农药市场信息》）

（三）病虫抗药性上升专家支招应对

1. 小麦

1）赤霉病菌

抗性监测结果表明，赤霉病菌对多菌灵抗性主要发生在江苏省及其周边省份，其抗药性发生程度均达到用常规法即可检测到的危险水平，江苏省的一些地区用多菌灵防治赤霉病效果已很差。

对策建议：建议在多菌灵产生抗性地区轮换使用氰烯菌酯、戊唑醇等不同作用机理药剂，延缓抗性发展。

2）麦蚜

目前，监测地区麦长管蚜种群对田间常用药剂吡虫啉、啶虫脒、氟啶虫胺腈、有机磷类氧化乐果、氨基甲酸酯类抗蚜威、拟除虫菊酯类高效氯氰菊酯等药剂均处于敏感状态。

对策建议：建议在麦蚜产生抗性地区轮换使用新烟碱类药剂、抗蚜威等不同作用机理药剂，延缓麦蚜抗性的发展。

2. 蔬菜

以烟粉虱为例进行介绍。北京、山东、天津、山西等北方蔬菜产区烟粉虱种群对新烟碱类噻虫嗪、大环内酯类阿维菌素等药剂处于敏感状态，对双酰胺类溴氰虫酰胺、昆虫生长调节剂类吡丙醚、季酮酸类螺虫乙酯等药剂处于中等水平抗性。

对策建议：鉴于烟粉虱抗药性北轻南重的特点，湖北、湖南、海南等蔬菜产区应减少单一药剂防治烟粉虱的使用次数，并注意不同作用机理间药剂的交替轮换使用。

3. 棉花

1）棉铃虫

监测到安徽望江、湖北荆州、枣阳种群对拟除虫菊酯类药剂三氟氯氰菊酯处于低水平抗性，其他种群已处于中等至高水平抗性，特别是华北棉区的河北邱县、河南安阳、山东滨州、夏津种群对三氟氯氰菊酯产生高水平抗性（抗性倍数129—166倍）。

华北棉区、长江流域棉区棉铃虫种群对有机磷类药剂辛硫磷和大环内酯类药剂甲氨基阿维菌素苯甲酸盐处于中等水平抗性，新疆棉区种群处于低水平抗性，与2015年监测结果相比对辛硫磷抗性倍数均有所增加。华北棉区棉铃虫种群对甲氨基阿维菌素苯甲酸盐抗性倍数比2015年有所增加。

对策建议：在棉铃虫对拟除虫菊酯类药剂产生高水平抗性地区，特别是华北棉区应禁止使用拟除虫菊酯类药剂防治棉铃虫，以延缓其抗性继续上升；在华北棉区、长江流域棉区要限制有机磷类、大环内酯类药剂使用次数（棉花生长期不超过2次），可交替轮换使用多杀菌素、氯虫苯甲酰胺等其他不同作用机理的药剂。

2）棉蚜

目前监测地区棉蚜所有种群对拟除虫菊酯类溴氰菊酯、新烟碱类吡虫啉等药剂处于高水平抗性，有些地区抗性倍数达到了数万倍以上；对氨基甲酸酯类药剂丁硫克百威处于中等至高水平抗性；对有机磷类药剂氧化乐果处于中等水平抗性。

棉蚜对药剂的抗性发展速度较快，几乎对目前使用的所有药剂均产生了抗性，特别是对拟除虫菊酯类、氨基甲酸酯类、新烟碱类药剂的抗性水平较高，且仍有增加的趋势。

对策建议：棉蚜已成为抗药性严重和难以治理的害虫之一，建议在农业生产中暂停使用溴氰菊酯、丁硫克百威、吡虫啉等药剂，选择其他不同作用机制药剂进行防治，同时采用抗性综合管理措施，以达到较好的防治效果。

（文章来源：《农民日报》）

（四）土豆瓢虫的防治方法

1. 土豆瓢虫的为害症状

土豆瓢虫主要为害茄科植物，是土豆和茄子的重要害虫。成虫和幼虫均取食同样的植物，取食后叶片残留表皮，且成许多平行的牙痕。也能将叶吃成孔状或仅存叶脉，严重时全田如枯焦状，植株干枯而死。

为害特点：成虫、若虫取食叶片、果实和嫩茎，被害叶片仅留叶脉及上表皮，形成许多不规则透明的凹纹，后变为褐色斑痕，过多会导致叶片枯萎；被害果上则被啃食成许多凹纹，逐渐变硬，并有苦味，失去商品价值。

2. 土豆瓢虫的形态特征

成虫：体长 7—8 毫米，半球形，赤褐色，密披黄褐色细毛。前胸背板前缘凹陷而前缘角突出，中央有一较大的剑状斑纹，两侧各有 2 个黑色小斑（有时合成一个）。两鞘翅上各有 14 个黑斑，鞘翅基部 3 个黑斑后方的 4 个黑斑不在一条直线上，两鞘翅合缝处有 1—2 对黑斑相连。

卵：长 1.4 毫米，纵立，鲜黄色，有纵纹。

幼虫：体长约 9 毫米，淡黄褐色，长椭圆状，背面隆起，各节具黑色枝刺。

蛹：长约 6 毫米，椭圆形，淡黄色，背面有稀疏细毛及黑色斑纹。尾端包着末龄幼虫的蜕皮。

3. 土豆瓢虫的生活习性

在我国甘肃、四川以东，长江流域以北均有发生。在北方大部地区 1 年 2—3 代，以成虫群集越冬。一般于 5 月开始活动，为害土豆或苗床中的茄子、番茄、青椒苗。6 月上中旬为产卵盛期，6 月下旬至 7 月上旬为第一代幼虫为害期，7 月中下旬为化蛹盛期，7 月底 8 月初为第一代成虫羽化盛期，8 月中旬为第二代幼虫为害盛期，8 月下旬开始化蛹，羽化的成虫自 9 月中旬开始寻求越冬场所，10 月上旬开始越冬。成虫以上午 10 时至下午 4 时最为活跃，午前多在叶背取食，下午 4 时后转向叶面取食。成虫、幼虫都有残食同种卵的习性。成虫假死性强，并可分泌黄色黏液。越冬成虫多产卵于土豆苗基部叶背，20—30 粒靠近在一起。幼虫夜间孵化后共有 4 龄，2 龄后分散为害。幼虫老熟后多在植株基部茎上或叶背化蛹。

4. 土豆瓢虫的防治方法

（1）提倡采用防虫网防治廿八星瓢虫，兼治其他害虫。

（2）人工捕捉成虫。利用成虫假死习性，用盆承接并叩打植株使之坠落，收集灭之。

（3）人工摘除卵块。此虫产卵集中成群，颜色鲜艳，极易发现，易于摘除。

（4）用苏云金杆菌"7216"防治土豆瓢虫。用"7216"菌剂原粉含孢子100亿/克，每667平方米用10公斤，于土豆瓢虫大发生之前喷撒到茄果类、瓜类、豆类有露水植株上，防效37.5%—100%或喷洒2.5%鱼藤酮乳油1000倍液。

（5）药剂防治：要抓住幼虫分散前的有利时机，喷洒25%噻虫嗪水分散粒剂4000倍液或20%氰戊菊酯乳油3000倍液或2.5%溴氰菊酯乳油3000倍液、80%敌敌畏乳油1500倍液、50%辛硫磷乳油1000倍液、2.5%高效氯氟氰菊酯乳油2000倍液、90%晶体敌百虫或50%马拉硫磷1000倍液、2.5%溴氰菊酯乳油或20%氰戊菊酯或40%菊杂乳油或菊马乳油3000倍液、21%灭杀毙乳油6000倍液、2.5%敌杀死5000倍液等喷雾。

（文章来源：《农业之友》）

（五）新型植物源农药，解决多种病虫害

在做好育苗期病虫害防控基础上，要进一步做好定植棚室的消毒处理工作。而植物源农药辣根素在有机生产园区棚室表面消毒处理时都要用到它。

1. 什么是辣根素

辣根素是从辣根、芥菜等十字花科植物中提取的一类次级代谢产物，属于植物源农药。对有害微生物、害虫具有良好的生物活性，是一种优质生物熏蒸剂。

2. 辣根素的应用

仓储害虫熏蒸辣根素最早用于仓储害虫的熏蒸处理。近50年来，仓储害虫防治应用最为广泛的是溴甲烷和磷化氢，而溴甲烷自2015年10月1日起，其登记使用范围和施用方法已变更为土壤熏蒸，除土壤熏蒸外的其他登记已被撤销。与此同时，仓储害虫对磷化氢有广泛抗性。植物源熏蒸剂辣根素正是在这种背景下从植物中筛选并分离提纯出的植物性物质。

北京市植物保护站通过试验发现，20%辣根素水乳剂对土壤真菌和细菌有明

显的杀灭效果，对土壤真菌中的镰刀菌杀灭效果达到了100％，对土壤真菌中的腐霉、曲霉、青霉等杀灭效果显著。经过几年的试验以及优化，该站初步提出了利用辣根素进行土壤消毒和棚室表面消毒处理的技术规程。

3. 辣根素的潜力

在作物生长期进行棚室内辣根素低剂量处理，防空气传病害以及小型害虫。

在作物生长期进行辣根素低剂量灌根处理，预防土壤传病虫害。蔬菜采收后进行辣根素处理，延长货架期。虽然辣根素是比较理想的病虫害防治药剂，但是也不能滥用。

（文章来源：《农业科技报》）

（六）新型生物农药：氨基寡糖素

氨基寡糖素也称为农业专用壳寡糖，是从海洋生物如虾类、蟹类等的外壳提取而来的多糖类天然产物，由几丁质降解得壳聚糖后再降解制得，或由微生物发酵提取的低毒杀菌剂。

作为一种新型的生物农药，氨基寡糖素不同于传统农药，它不直接作用于有害生物，而是通过激发植物自身的免疫反应，使植物获得系统性抗性（包括抗逆性），从而起到抗逆、抗病虫和增产作用。

氨基寡糖素易被土壤中的微生物降解为水和二氧化碳等环境易吸收的物质，无残留，其诱导的植物抗性组分均是植物的正常成分，对人、畜安全。氨基寡糖素作为新一代海洋生物农药，无毒害、不污染环境，具有药效、肥效双重功能，符合当前及今后无公害农业发展要求。

截至2018年1月，我国登记氨基寡糖素农药产品共65个，其中母药1个、原药1个、制剂63个。制剂中水剂是氨基寡糖素农药产品的主要剂型，目前登记氨基寡糖素农药水剂有45个，占总数的69.2％。

研究资料表明，氨基寡糖素与杀菌剂配合使用，效果更加显著，对于防治果树、蔬菜、地下根茎、烟草、中药材及粮棉作物的病毒、细菌、真菌引起的花叶病等具有很好的效果。分析我国氨基寡糖素类农药的登记情况，共19个混剂，只占氨基寡糖素农药登记总数的29.2％，氨基寡糖素与嘧霉胺、烯酰吗啉、戊唑醇等杀菌剂制成混剂还可以扩大应用范围，以便提高药效。

氨基寡糖素可以代替部分化学农药产品，在白菜、番茄、黄瓜、辣椒、梨树、棉花、苹果树、葡萄、水稻、西瓜、香蕉树、小麦、烟草、玉米、猕猴桃树广泛应用，为我国农业可持续发展和人类生命健康发挥独到作用，不仅给我国农业带来一定的经济效益，而且会产生极其深远的环保和社会效益，发展前景良好。

（文章来源：农资网）

三、农作物种植技术

（一）春季大棚蔬菜科学管理方法

随着气温回升，促使越冬蔬菜开始转入快速生长时期，春夏蔬菜也开始进行育苗，蔬菜生产到了非常重要的管理阶段。及时采取有效措施，进一步加强对蔬菜的中后期田间管理，是春季蔬菜大丰收的先决条件。管理方法有以下几个方面。

1. 合理控温

春季气温回升较快，温度变化大，室内温度过高或过低都不利开花和结果，易形成畸形果或落花落果，温度管理应以合理控温为主。温度管理 2 月以保温为主，进入 3 月后，随着气温的快速升高，应逐步转向合理控温。一般当棚内温度上升到 25—30 摄氏度时就要放风，并注意随着外界气温的逐步上升而逐渐加大通风量。

2. 合理追肥

及时追肥，有利于蔬菜正常生长时的养分补给，注意平衡施肥，适量增加磷钾肥的施用量，提高品质。用菜果壮蒂灵液体对叶面进行喷肥，可壮苗壮蒂，加大养分输送，达到防早衰的效果。

3. 病虫害综合防治

春季大棚内主要病害为灰霉病，使用烟雾熏蒸剂——速克灵、百菌清烟剂进行防治，而后给蔬菜表层喷洒新高脂膜粉剂，其对各种植物的真菌病害都有良好的防效，有利于控制病害蔓延，还减少农药的喷洒次数，节省农药；当然还应该注意叶霉病、霜霉病、白粉病、根腐病的防治和蚜虫、菜青虫、红蜘蛛、蓟马等害虫的危害。

（文章来源：中国植保网）

（二）大棚蔬菜点花蘸花技巧

核心提示：大棚栽培蔬菜常因光照不足、温湿度不适，而不能正常授粉，发生落花落果。正确施用2,4－D、防落素等点花、蘸花可提高坐果率，加速果实膨大，增加产量，但若不注意某些细节，很容易对植株造成不利影响，如出现畸形果、导致减产等。

1. 怎么选用蘸花药

2,4－D和防落素都能用于茄果类蔬菜，有研究表明，施用2,4－D，坐果率较高，但对茄果类蔬菜的幼芽和嫩梢有一定的伤害，所以它一般用于蘸花或涂抹花柄；而防落素对蔬菜的嫩梢组织伤害很轻，用量适当几乎没有伤害，可以喷花用，省工省事，安全有效，但是坐果率比2,4－D低一些。

实践证明，选择哪种蘸花药要根据植株的长势来确定。对植株长势过强或长势过弱的植株，建议选用2,4－D来蘸花，对长势中等的植株，建议选用防落素。

怎样区分植株长势强弱？一般植株茎秆上粗下细、叶片大而肥厚、叶色深绿、茎叶含水量较多的就是长势较强；茎秆上细下粗、叶片小而薄、叶色黄绿、茎叶含水量较少的植株就是长势较弱；植株茎秆上下粗细均匀一致、叶片平展、叶色翠绿，说明其长势比较适中。

2. 蘸花实践经验

1）点花不宜早

很多种植西红柿的菜农前期点花很早，只要有花就点，往往第一穗花花芽分化不良，即使点住，后期也容易发育成畸形果。

建议：蔬菜苗期应以壮棵为目的，不要过早留果，例如对于黄瓜，可 12 片叶以上开始留瓜，从定植到投产最好控制在高温季节 35—40 天，晚秋和早春40—45 天，通过晚留果，晚点花，让营养更多地供应根系及茎叶生长，培育壮棵。

2）蘸花不宜多

最近菜农王师傅发现黄瓜叶片上的"小黄点"特别严重（就是黄瓜靶斑病），因为目前对该病没有特别有效的药物进行治疗，传播非常迅速。王师傅为了多坐果，把植株上能蘸的花基本都蘸了，但没想到植株生长不良，对病害抵抗力降低，导致"小黄点"迅速传播。

建议：蘸花多少应该根据植株长势来判断，若植株长势较弱，菜农应尽量少蘸瓜，先养好茎蔓，不要让营养都供应生殖生长，而造成植株叶片发育不良，导致病害多发。

3）换药先实验

点花药的配制非常关键，有的菜农自己配制点花药，由于更换了新厂家的2，4—D产品，若还是按照原来的浓度配制，点出的茄子出现很多僵果，造成严重损失。种植小黄瓜的王师傅说，近期他蘸的这一茬小黄瓜皱皮非常严重，后来他回想是蘸花药中新加入一种叶面肥，而这种叶面肥含激素类物质，造成瓜条皱皮严重。

建议：点花药中不要随意加入含激素类叶面肥，而且在温度不同的情况下要改变药剂浓度，但在变更时要先做小面积实验，只有实验成功后才可大面积应用，避免造成重大损失。

4）点花要适时

在第一穗花开放 2—3 朵花时可开始点花，当雌花的花瓣完全展开，且伸长到喇叭口状时点花最为适宜。过早易形成僵果，过晚易造成裂果。

5）不点柱头

药液直接刺激柱头易出现裂果，特别是重复点花严重时几乎造成绝收。

6）注意土壤湿度

如果棚内土壤过于干旱，应先浇水后点花，避免点花后浇水造成裂果严重。

7）点花与管理相结合

每个花序的第一朵花容易产生畸形果，应在点花前疏掉。坐果后，果实生长速度加快，要及时放风排湿，加强水肥管理，搞好病虫害防治。

8）准确掌握蘸花时间

激素处理花朵的时间只有 3 天，即开花的当天和开放前两天，提前处理极易形成僵果，过后处理坐果率下降。选择茄子花朵全部变成紫色开放的当天处理最佳。

9）合理调节植株长势

植株长势过弱、过旺都会影响激素处理效果。长势弱的植株开的花梗细、瘦小，接受激素处理很容易产生僵果。植株营养生长过旺，抑制生殖生长，也会影响激素处理效果。因此，定植时应选择壮苗，定植缓苗后适当蹲苗，控制好水肥和温度，使营养生长和生殖生长达到平衡。

（文章来源：《农药市场信息》）

（三）大棚蔬菜病害治理

随着现代化农业的发展，大棚蔬菜种植成为菜农主要种植方式，通过大棚可以进行反季节蔬菜种植，获取更多的种植利润。但是在大棚蔬菜种植中还有很多的坑，特别是大棚蔬菜病害多难治理的问题，一旦不小心遇上，很有可能就血本无归。

1. 自然灾害，以及各种病害爆发

除了年初的大雪、以及近期的大棚火灾，种植户更普遍担心的问题，是近年来反复出现的各种病害，如霜霉病、脐腐病、溃疡病、病毒病、炭疽病、白粉虱

等！经常导致植株整株死亡，或者连片发病。

种菜不容易，既要付出细心、耐心、汗水，还要种植对路，还要面对各种病害及风、火、雪、冻等，真的不容易！

图 4-2 大棚蔬菜种植（一）

2. 无病不用药、有病狠用药

现在，很多种植户普遍不注重病害的预防，往往都是等到病害爆发了才知道去防治。而很多种植户凭经验，为图省事而减少操作工序，对化学药剂乱配、乱用，随意加大药量等的错误做法普遍存在！最终导致减产乃至绝收！

如何对症下药、对病害进行有效的防治？这已经成为困扰广大菜农的一个难以言说的痛！

图 4-3 大棚蔬菜种植（二）

如何减少病害，提高品质与产量？

（1）拒绝依赖化学制剂，重视管理细节。合理调控棚室温度、光照、水分等各方面的条件。培养健壮、无病的植株，合理调配植株内的营养等等。

（2）无病防病，治病不见病。根据气候的变化、病害发生的条件及规律等，仔细观察、记录，准确及时地拿出病害的防治方案。有针对性地选择化学农药，提前用药，做到治病不见病。

图 4-4　大棚蔬菜种植（三）

（3）合理配药、用药。使用化学药剂时，抓住主要病害，科学、适量配药。依据科学实用的病害及用药技术，有针对性地进行喷施防治。

（文章来源：惠农网）

（四）大棚青椒种植管理技术

青椒是日常生活中常见的一种蔬菜，也叫甜椒、灯笼椒。不仅口感好还具有较高的营养价值，市场前景广阔，适合全国多地种植。下面就给您讲下大棚青椒种植管理技术。

图 4-5　大棚青椒种植（一）

1. 品种选择

大棚青椒品种要求抗寒、耐热、抗病、早熟、高产、而且果肉厚、植株长势中等、适合日光温室大棚栽培品种，目前有有限生长型和无限生长型两种。优良品种有：以色列考曼奇、斯马特、长胜甜椒，美国系列园椒等。

2. 播种

由于大棚青椒在温室内育苗，早春温室地温较低。所以大棚青椒的播种多用育苗箱播种。播前将苗箱装入配好筛细的营养土。营养土各成分配比为田土 4

份、马粪 4 份、陈炉灰 2 份。把待播种的营养土浇透水，水渗下后将种子均匀播入，覆土 1 厘米厚。再把苗箱放在温室内搭好的架子上，室温保持 25－30 摄氏度，上面盖上一层塑料薄膜。一般经过 3－4 天便可出苗。当 50％—70％苗出土时，于清晨室温较低时揭去塑料薄膜。

3. 苗期管理

这一阶段的管理是通过防寒保温和人工加温，以及调换苗箱位置等进行的。在水分管理上，初期除了播种时浇透底水外，一般无须浇水。如果水分多，青椒根向水平方向发展，根系浅，数量少，根毛不发达。初期最忌小水勤浇。青椒育苗后期，水分虽较初期多，但也要看苗、看地、看天浇水。若苗小、土湿、天阴可不浇水；如果苗大、地干、天晴、温度高可多浇水。每次浇水量以接上湿土为宜，不要过多过大。

4. 定植

定植时先顺沟浇足水，然后施底肥，每亩 20 公斤磷酸二铵，少覆些土，按株距栽苗，随后封埯。定植当天加扣小拱棚，白天如果棚内温度高时，可在上午揭去；下午 3 时后再扣上。如此反复 5—7 天，缓苗后可揭去小拱棚，并将塑料薄膜落地变成地膜。在覆地膜前抓紧松土两次，整平畦面，然后覆膜。定植后5—6 天内，棚温保持 30—35 摄氏度，以提高地温加速缓苗。缓苗后通过调节通风孔，把温度降低到 28—30 摄氏度。随着外界温度提高，通风量渐次加大，以控制棚内温度。前期通侧风和顶风；后期通底风，6 月中旬以后可撤去四周塑料薄膜进行大通风，并昼夜通风。这样可提高大棚青椒的果实坐果率。

5. 缓苗前管理

9 月天气温度比较高，白天要尽量降温，温度高于 28 摄氏度要拉遮阳网，下午降温时要收网。定植后 1—2 天用 600 倍多菌灵加 1000 倍的普力克灌根，滴灌要靠近植株拉紧固定，浇水要在早晨或傍晚，要浇透。在缓苗期间，无限生长型辣椒、青椒，要整理钢丝、准备绳子，以备吊蔓。

6. 缓苗后的管理

定植5—7天根系开始生长，浇缓苗水，此时温度依然很高，但要减少遮阴时间。等到植株长到30厘米时，无限生长型青椒，辣椒开始吊蔓，吊蔓时要每根绳分开吊，青椒一般留三个主枝，辣椒留4个，每根绳吊一个主枝，一般不留门椒，以加强植株生长势，提高后期产量。

图4-6　大棚青椒种植（二）

7. 结果期管理

到10月，气温降低，可以撤掉遮阳网，白天保持26—28摄氏度，夜间保持16—20摄氏度，结合浇水施肥，浇水时地面见干见湿，浓度不要太高，12月至1月为最寒冷季节，此间应做好防低温寒流工作，春季外界温度升高，就注意通风防止高温灼伤，及高温徒长引起落花落果。当外界低温稳定15摄氏度以上时，揭开底脚薄膜昼夜通风。要及时清除下部老叶、病叶，清除要选择晴天上午，清除完要及时打药。第一个果坐住后，结合浇水追复合肥，亩施15公斤，以后每隔15—20天施一次肥，亩施20公斤复合肥。

8. 采收

果实充分膨大，辣椒表面有一定光泽即可采收。门椒应提早及时采收，以免坠秧，影响植株生长和早期产量。当辣椒进入盛果期，采收要勤，做到轻收勤收，通常2—3天采收一次。

（文章来源：惠农网）

（五）大棚蔬菜常见生理障碍及预防措施

1. 气害

氨气易从蔬菜叶片气孔、水孔进入，在植株体内发生碱性危害。受害作物叶片最初呈水浸状，后逐渐变为淡褐色，幼芽或生长点萎缩，呈黑色，严重时叶缘焦枯，全株生理失水干缩而死。致害原因有四：一是施用未充分腐熟粪便；二是在大棚内发酵饼肥或鸡粪；三是追肥时撒施肥料于地面；四是施肥不均匀，如陡遇高温天气，易集中诱发氨气为害。

2. 肥害

向土壤单一施入某种化肥或过量施用化肥、商品有机肥，致使土壤溶液浓度过大，产生反渗透作用，导致蔬菜根系发育受到抑制，植株萎蔫或叶缘枯焦，出现缺素症。

3. 药害

一是显性药害，症状明显；二是隐性药害，症状潜伏或延至下茬。药害发生后，蔬菜叶片失绿或产生焦斑、穿孔，落叶、落花、落果，甚至整株枯萎。致害原因有四：一是农药品种不对路或误用除草剂；二是施药浓度过大；三是购用了劣质农药；四是高温时节用药。

4. 旱害

干旱既影响蔬菜播种安苗，又影响蔬菜生长发育，并给施肥用药带来困难。致害原因有三：一是大棚选址不当，缺乏水源；二是水质不佳；三是沟渠、排灌设施不配套，有水难引。

5. 连茬危害

连茬危害是指同一大棚中，年年或季季种同类或同种蔬菜，产量和质量逐年下降。致害原因有三：一是同类或同种蔬菜偏爱某种营养元素，这类元素补充不及时；二是土壤病原菌积累引发病害；三是根系分泌物导致土壤微生物群落结构失衡，土壤老化。

6. 应对措施有四项

（1）选好棚址完善水系配套。大棚选址前，应充分考虑有否充足、优良水源。要开好沟渠，便于引水、排水。有条件的地方，每个大棚可安装一个水龙头，标准高的还可配用喷灌设施。

（2）合理施肥促进蔬菜健长。一是要常年施用充分腐熟的农家积造有机肥；二是选用精制高能的商品有机肥、生物有机肥、生物有机复合肥；三是改偏施氮磷肥为减氮、稳磷、增钾、配施微肥；四是分次适量施肥；五是一旦出现肥害，可喷施 0.01％ 的保靓（芸苔素内酯）或红靓（微生物菌剂）800 倍液 2—3 次。

（3）科学用药确保蔬菜安全。一是发生轻微药害时，可加强肥水管理，恢复蔬菜正常生长机能；二是选用对口农药，特别是除草剂要慎用；三是把好农药的剂量、浓度关，避免重复施用一种农药；四是切忌随意混用农药；五是施药避开高温；六是施用过除草剂的器械清洗干净后才能再用。

（4）轮作换茬调整栽培环境。一是茄子、番茄、瓜类等易感病蔬菜，要分年或分季更换种植品种；二是易发生连茬障碍的大棚要增施有机肥改良土壤；三是选用土壤重茬剂抑制病菌；四是针对缺素土壤，及时补充所缺养分。

（文章来源：《农民日报》）

（六）荷兰小黄瓜之栽培技术

小黄瓜属葫芦科一年生蔓生植物。该类型瓜长度 14—18 厘米，直径约 3 厘米，重 100 克，表皮柔嫩、光滑，色泽均匀，口感脆嫩，瓜味浓郁，经济效益颇高。

1. 育苗

小黄瓜种子价格贵，育苗时可使用穴盘或营养钵精量播种。培植时对温度要求很高，发芽适温为 24—26 摄氏度，一般 4 天出苗。出苗后，白天保持 23—25 摄氏度，夜间 16—18 摄氏度。根系喜湿怕涝，喜温怕冷，有氧呼吸旺盛。

2. 定植

小黄瓜具有较大的叶片，结瓜期早，可连续结瓜，但根系吸收能力较弱，因此在定植前要精细整地，大量施用有机肥，667 平方米施腐熟禽畜粪肥 5000 公斤以上，再补施些复合肥。做小高畦，畦宽 1—1.2 米。幼苗定植标准为 2—4 片真叶，苗龄 25 天，密度为 2500 株/667 平方米。定植后立即浇稳苗水，利于根系向周围发展。

3. 田间管理

（1）肥水：定植后 3—4 天浇 1 次较小的缓苗水，促进缓苗。缓苗水后再浇水，要每水带肥，每 667 平方米冲施尿素 10 公斤，每 5—7 天浇 1 次。

（2）温度：定植 1 周内白天保持 25—30 摄氏度，夜间 18—20 摄氏度，不超过 35 摄氏度不放风。缓苗后要降低温度，白天 22—25 摄氏度，夜间 16—18 摄氏度。

（3）光照：荷兰小黄瓜耐弱光性较强，冬季弱光情况下能获得较高产量。夏季高温、强光时，一定要加盖遮阳网。

（文章来源：《山西农民报》）

（七）苜蓿立体无土栽培方法

紫花苜蓿是苜蓿属中的一个品种，优质牧草，属多年生草本植物，原产于中亚西亚，被人们食用已有 1000 多年历史。传统上食用苜蓿只吃其嫩茎，其产品上市常受生产季节限制。现在随着栽培技术的不断升级，采用立体、无土、快速生产苜蓿芽的技术，一年四季均可生产，周年供应市场，而且在生产过程中，不施用化肥、农药，无任何污染，属纯天然"绿色食品"。

1. 生产设施

生产场地：利用各种保护地和采光好的室内都可生产。立体架式塑料帐、床架、塑料帐与生产黄豆种芽苗菜完全相同。栽培盘可用标准塑料育苗盘（60 厘米×25 厘米×5 厘米）。

2. 栽培技术

品种选择：用于苜蓿芽生产的优良品种有"和田苜蓿""陇牙苜蓿"等。

播前种子处理：①浸种。种子先进行淘洗，去掉瘪子及杂质，用 20 摄氏度水温浸种 22—24 小时。②出水。阴干 3—4 小时。③基质准备。采用 3—5 毫米厚的泡沫塑料片或珍珠岩作基质，平铺在苗盘中并洒水浸湿，也可用无纺布。④播种。将出水后的种子，均匀地撒播在基质上，每盘播种量为 50 克。⑤催芽。播种以后立即进行叠盘催芽，苗盘摞叠高度不要超过 1 米，每摞苗盘之间留有 3—5 厘米空间，以利通气，出苗均匀。催芽适宜的温度为 18—22 摄氏度，一般 2—3 天后，当芽苗高达 0.5 厘米左右时，即可结束催芽。

上架生产：结束催芽后，将苗盘放置在栽培架上，然后套上塑料帐开始生产。

湿度管理：视基质的湿度，每天喷水 1—3 次。喷水时最好根据实际情况而进行，冬季要喷温水，高温季节要喷凉水。

温度管理：上架后，温度昼夜保持在 18—22 摄氏度。

3. 收获

播后经 7—8 天，下胚轴已长达 3.5—4.0 厘米，茎粗约 1 厘米，白色，子叶已充分肥大，绿色，长圆形，长约 5 厘米，宽 2 厘米，此时即可收获，并进行精包装。产出比为 1∶（7—8）。

（文章来源：农技网）

（八）早春胡萝卜种植技术

1. 品种选择

早春栽培胡萝卜，要选择生长期较短、耐寒性较强、春季栽培不易抽薹的品种。经永清蔬菜管理局技术人员的多年试验，发现目前适应性较强的主要品种有韩国"新黑田 5 寸人参""春秋三红五寸人参""超级红冠"等。

2. 播期确定

根据生产上的经验，胡萝卜发芽的最低温度为 7 摄氏度，胡萝卜肉质根膨大的适宜温度在18—25摄氏度。廊坊地区春萝卜适宜播期可在2月下旬至3月上旬（小拱棚覆盖栽培），3月中下旬至4月上旬播种（不用小拱棚覆盖栽培）。如播种过早则易发生先期抽薹，播种的过晚则在生长后期遇夏季雨期，如果排水不良则会造成胡萝卜沤根导致死苗。

3. 地块选择

由于胡萝卜肉质根入土较深，选择土质疏松、土层深厚、排灌良好，富含有机质的沙壤土或壤土进行胡萝卜栽培，可以获得较高的产量。如耕土层太浅，或者瓦棱杂物较多，则肉质根易于弯曲，短小，叉根较多，商品率较低。因此要求对土壤进行深耕30—50厘米，并结合深耕施入底肥，每667平方米施优质腐熟好的圈肥3000—5000公斤，磷酸二铵20公斤，尿素15公斤。

4. 播前准备

为促进早发芽、出苗，播前应进行浸种催芽，方法为用30—35摄氏度温水浸种3—4小时，捞出后用湿毛巾或袋子装好保湿，置于25—30摄氏度温度下催芽3—4天，定期搅拌冲洗，待80%—90%的种子露白后即可拌湿沙播种，可以适当多掺一些沙土，以便撒种均匀。

5. 播种

栽培的方式有起垄条播和平畦撒播两种。起垄条播的优点是排灌良好，产出的胡萝卜商品性好，产量高；缺点是操作较为烦琐，不便机械化操作。一般在肥水条件较好的情况下，平畦播种胡萝卜的株行距以10厘米×10厘米或12厘米×12厘米为宜；起垄栽培垄距6厘米，垄宽6厘米，株距10厘米。覆土厚1.5厘米左右。种子上部浮土要细碎。播后轻镇压畦面，使种子与土壤结合紧密。在播种当天或第二天，每667平方米用50%扑草净450克，兑水75公斤喷洒畦面，除草效果较好。春播萝卜播后在面上盖一层地膜（或小拱棚），达到增温保墒的作用，还可防止下雨使土壤板结造成出苗困难。

6. 播后管理

播种后要保持土壤湿润，创造有利于种子发芽和出苗的条件，春萝卜苗期必须进行间苗和中耕，一般应进行2—3次间苗，第1次在1—2片真叶时进行，去掉劣苗、弱苗与过密苗；第2次在3—4片真叶时进行，间苗后即定苗，定苗株距10厘米，行距10—12厘米。见苗时最好采用断苗的方法，以防止间苗时松动土壤，造成根系损伤，引起死苗，叉根，影响产量及品质。

在地上部旺盛生长期要适当控制水分，进行中耕蹲苗，防止因苗叶部徒长而影响肉质根生长。肉质根膨大期是胡萝卜生长最快的时期，也是对水分需求最多的时期，必须充分的补充水分，浇水最好在早晚进行。胡萝卜喜磷、钾肥，不宜过多施氮肥，在生长期一般追肥2—3次。第1次在定苗后5—7天进行，结合浇水每667平方米施硫酸铵3公斤，磷钾肥各3公斤，或者冲施腐熟的人类尿500公斤。以后每隔20天左右追施第二或第三次肥。胡萝卜耐旱，除配合追肥浇水后，一般很少再浇水。在栽培中要尽量防治劣质根的出现，具体预防措施如下：

（1）裂根是指肉质根开裂，不易贮运。其原因是土壤水分供应不均，忽干忽湿，或连续阴天，突降暴雨；外皮受到损伤（冻害、药害、病虫害等）。防治方法：在肉质根膨大期必须注意均匀供水，并及时防治地下害虫。

（2）糠心又叫空心，指肉质根中心部分干枯失水，严重影响食用品质。其原因是生长期的前后水分供应不均，如前期过湿，后期干旱；偏重施氮肥；早期抽薹；贮运时高温干燥引起的。防治方法：前后期注意均衡供水；均衡施肥；选择好春栽品种；创造适宜的贮存环境。

（3）叉根指萝卜的侧根异常膨大，形成分叉的肉质根。原因是种子发芽时胚根受到破坏；土壤中有硬物，耕层浅，土壤黏重，使肉质根向下生长受到阻碍；施肥时不均匀，或肥料未完全腐熟，使主根受到伤害；田间管理时，除草或中耕损伤了根尖。防治方法：精细整地，捡出石块、砖头等硬物；选择不要过于黏重的土壤种植；耕地时要尽量深些；施用完全腐熟的有机肥，避免烧根；中耕除草要小心慎重，以免损伤根部。

7. 病虫害的防治

早春胡萝卜病虫害较少，据观察除了苗期有蛴螬危害以外，基本无其他病虫危害。防治蛴螬可用敌百虫、辛硫磷与麦麸配制成毒饵，于傍晚前撒于田间。

8. 采收

早春胡萝卜从播种到收约 90 天，一般在 6 月底至 7 月初收获，成熟时表现为叶片不再生长，不见新叶，下部叶片变黄。采收的过早过晚，都会影响胡萝卜的商品性状，从而影响产量。如果不急于上市，可将胡萝卜放入 0—3 摄氏度的室内阴凉通风处保存，延长上市时间。

（文章来源：《农业之友》）